环境监测实验与实训

主　编○丁爱芳
副主编○曹晶晶　钮志远　秦品珠　周志成

编委会○唐玉娣　刘景亮　王晓波　吴晓霞
　　　　　张　迪　丁　莹　罗舒君

河海大学出版社
HOHAI UNIVERSITY PRESS
·南京·

图书在版编目(CIP)数据

环境监测实验与实训 / 丁爱芳主编；曹晶晶等副主编. --南京：河海大学出版社，2023.9(2025.1重印)
ISBN 978-7-5630-8175-2

Ⅰ.①环… Ⅱ.①丁… ②曹… Ⅲ.①环境监测—实验—高等学校—教材 Ⅳ.①X83—33

中国国家版本馆CIP数据核字(2023)第061035号

书　　名	环境监测实验与实训
	HUANJING JIANCE SHIYAN YU SHIXUN
书　　号	ISBN 978-7-5630-8175-2
责任编辑	高晓珍
特约校对	张绍云
封面设计	张世立
出版发行	河海大学出版社
地　　址	南京市西康路1号(邮编:210098)
电　　话	(025)83737852(总编室)　(025)83787104(编辑室)
	(025)83722833(营销部)
经　　销	江苏省新华发行集团有限公司
排　　版	南京布克文化发展有限公司
印　　刷	广东虎彩云印刷有限公司
开　　本	787毫米×1092毫米　1/16
印　　张	11.25
字　　数	270千字
版　　次	2023年9月第1版
印　　次	2025年1月第2次印刷
定　　价	48.00元

前言
Preface

　　分析技术与环境监测实践教学是各类院校环境类专业实践教学内容的重要组成部分,在培养学生综合应用分析技术进行环境监测分析的能力以及创新思维和创新能力等方面具有重要作用。许多院校均开设独立的实验、实训课程。分析技术的实验课程主要开设在化学分析和仪器分析课程中,环境监测实验主要开设在环境监测课程中。实际上,这三门课程都会涉及实验室基础知识和基本操作,因此,将分析技术中的实验室基础知识和基本操作要求与环境监测实验结合起来,为培养环境类专业人才的实践技能打下坚实的基础。

　　传统的实验实践教材,一般从实验目的、仪器设备、实验方法、操作步骤和实验数据等方面进行介绍,从试剂配置、仪器搭建到操作过程、数据处理等环节,实验教材都介绍得非常详细。学生根据实验教材内容按部就班地进行操作,就能较好地完成实验项目,缺乏启发和思考的环节。这种全包式的实验,由于过于详细的实验步骤会将学生限制在固定的思维空间内,不利于学生创新思维的发展。内容过于全面的实验教程,会限制学生的思维空间,使得实验项目失去了研究探索的乐趣,不利于学生创新实践能力的培养。此外,传统教材内容表现形式单一,缺乏对信息技术的应用和教材形态的创新。

　　在本教材的编写中,将改变传统教材的编写方式,把思考题分解到实验项目的各个部分。在实验过程中设计了一些问题或任务,以便学生更好地领会和理解实验原理和实验操作、数据处理等,提高学生参与实验教学的积极性、操作能力、思考和解决问题的能力,贯彻"教学做创合一"的教学理念,将教材、课堂、课外教学资源三者有机融合,拓展和丰富教材内容。

　　本书由长期从事理论与实验教学的丁爱芳老师担任主编,参与编写的人员既有长期从事环境监测的行业专家,也有长期从事分析技术与环境监测教学的高校教师。第一章由南京市排水监测站高级工程师唐玉娣编写,第二章由钮志远编写,第三章由曹晶晶、秦品珠、吴晓霞编写,第四章由刘景亮、罗舒君编写,第五章由周志成和张迪编写,第六章由丁爱芳和王晓波编写,第七章由丁莹和钮志远编写,第八章由丁爱芳编写。本书的编写受到南京信息工程大学李久海老师的指导。

　　由于编者水平有限,对于本书存在的缺点和错误,恳请广大读者批评指正。

编者

2023 年 2 月

目录
Contents

第一章　分析与监测实验基础 ⋯⋯⋯⋯⋯⋯⋯⋯⋯⋯⋯⋯⋯⋯⋯⋯⋯⋯⋯⋯⋯⋯⋯⋯⋯⋯ 001
　第一节　实验室安全基本知识和管理 ⋯⋯⋯⋯⋯⋯⋯⋯⋯⋯⋯⋯⋯⋯⋯⋯⋯⋯⋯⋯ 001
　第二节　实验室用水制备和检测 ⋯⋯⋯⋯⋯⋯⋯⋯⋯⋯⋯⋯⋯⋯⋯⋯⋯⋯⋯⋯⋯⋯ 006
　第三节　试剂配制与保存 ⋯⋯⋯⋯⋯⋯⋯⋯⋯⋯⋯⋯⋯⋯⋯⋯⋯⋯⋯⋯⋯⋯⋯⋯⋯ 009
　第四节　常用玻璃器皿的洗涤、干燥和保存 ⋯⋯⋯⋯⋯⋯⋯⋯⋯⋯⋯⋯⋯⋯⋯⋯ 019
　第五节　实验数据记录 ⋯⋯⋯⋯⋯⋯⋯⋯⋯⋯⋯⋯⋯⋯⋯⋯⋯⋯⋯⋯⋯⋯⋯⋯⋯⋯ 022
　第六节　分析质量控制和检测结果表达 ⋯⋯⋯⋯⋯⋯⋯⋯⋯⋯⋯⋯⋯⋯⋯⋯⋯⋯ 024

第二章　基本分析测量仪器的使用 ⋯⋯⋯⋯⋯⋯⋯⋯⋯⋯⋯⋯⋯⋯⋯⋯⋯⋯⋯⋯⋯ 033
　第一节　溶液体积基本量器的使用 ⋯⋯⋯⋯⋯⋯⋯⋯⋯⋯⋯⋯⋯⋯⋯⋯⋯⋯⋯⋯ 033
　第二节　天平的使用 ⋯⋯⋯⋯⋯⋯⋯⋯⋯⋯⋯⋯⋯⋯⋯⋯⋯⋯⋯⋯⋯⋯⋯⋯⋯⋯⋯ 040
　第三节　pH 计的原理及使用 ⋯⋯⋯⋯⋯⋯⋯⋯⋯⋯⋯⋯⋯⋯⋯⋯⋯⋯⋯⋯⋯⋯⋯ 042
　第四节　分光光度计的使用 ⋯⋯⋯⋯⋯⋯⋯⋯⋯⋯⋯⋯⋯⋯⋯⋯⋯⋯⋯⋯⋯⋯⋯ 045

第三章　水和废水监测 ⋯⋯⋯⋯⋯⋯⋯⋯⋯⋯⋯⋯⋯⋯⋯⋯⋯⋯⋯⋯⋯⋯⋯⋯⋯⋯⋯ 050
　实验 1　水样色度的测定 ⋯⋯⋯⋯⋯⋯⋯⋯⋯⋯⋯⋯⋯⋯⋯⋯⋯⋯⋯⋯⋯⋯⋯⋯⋯ 050
　实验 2　水样悬浮物的测定 ⋯⋯⋯⋯⋯⋯⋯⋯⋯⋯⋯⋯⋯⋯⋯⋯⋯⋯⋯⋯⋯⋯⋯ 052
　实验 3　水样溶解氧的测定 ⋯⋯⋯⋯⋯⋯⋯⋯⋯⋯⋯⋯⋯⋯⋯⋯⋯⋯⋯⋯⋯⋯⋯ 054
　实验 4　水样 COD 的测定 ⋯⋯⋯⋯⋯⋯⋯⋯⋯⋯⋯⋯⋯⋯⋯⋯⋯⋯⋯⋯⋯⋯⋯⋯ 057
　实验 5　高锰酸盐指数的测定 ⋯⋯⋯⋯⋯⋯⋯⋯⋯⋯⋯⋯⋯⋯⋯⋯⋯⋯⋯⋯⋯⋯ 061
　实验 6　五日生化需氧量(BOD_5)的测定 ⋯⋯⋯⋯⋯⋯⋯⋯⋯⋯⋯⋯⋯⋯⋯⋯⋯ 064
　实验 7　水中氨氮的测定 ⋯⋯⋯⋯⋯⋯⋯⋯⋯⋯⋯⋯⋯⋯⋯⋯⋯⋯⋯⋯⋯⋯⋯⋯ 071
　实验 8　水中总磷的测定 ⋯⋯⋯⋯⋯⋯⋯⋯⋯⋯⋯⋯⋯⋯⋯⋯⋯⋯⋯⋯⋯⋯⋯⋯ 075
　实验 9　水中 Cu、Zn 含量的测定 ⋯⋯⋯⋯⋯⋯⋯⋯⋯⋯⋯⋯⋯⋯⋯⋯⋯⋯⋯⋯ 078
　实验 10　水中汞的测定 ⋯⋯⋯⋯⋯⋯⋯⋯⋯⋯⋯⋯⋯⋯⋯⋯⋯⋯⋯⋯⋯⋯⋯⋯⋯ 082
　实验 11　废水中氟离子的测定 ⋯⋯⋯⋯⋯⋯⋯⋯⋯⋯⋯⋯⋯⋯⋯⋯⋯⋯⋯⋯⋯ 087
　实验 12　水中石油类的测定 ⋯⋯⋯⋯⋯⋯⋯⋯⋯⋯⋯⋯⋯⋯⋯⋯⋯⋯⋯⋯⋯⋯ 092

第四章　空气质量监测

实验1　空气中 PM_{10} 和 $PM_{2.5}$ 的测定 ······ 098
实验2　空气中 SO_2 的测定 ······ 100
实验3　空气中 NO_x 的测定 ······ 105
实验4　公共场所室内空气中甲醛的测定 ······ 108
实验5　空气中总挥发性有机物的测定 ······ 113
实验6　空气中苯系物的测定 ······ 116

第五章　土壤环境质量监测

实验1　土壤中铜、锌、铅、镍、铬的测定 ······ 121
实验2　土壤中总汞的测定 ······ 125
实验3　土壤中有机氯农药的测定 ······ 128

第六章　固体废物监测

实验1　污泥含水率的测定 ······ 133
实验2　固体废物粒级组成的测定 ······ 135
实验3　固体废物腐蚀性的测定 ······ 136
实验4　固体废物浸出毒性浸出方法和测定 ······ 138
实验5　秸秆制备生物质炭及其对废水中 Cr(Ⅵ)的吸附 ······ 141
实验6　堆肥腐熟度评价 ······ 144

第七章　生物样品监测

实验1　石墨炉原子吸收光谱法测定生物样品中镉、铅、铬含量 ······ 147
实验2　食品中汞和砷的测定 ······ 149
实验3　食品中有机磷农药的测定 ······ 152
实验4　头发样品的前处理及铜的测定 ······ 154

第八章　环境监测实训

第一节　校园地表水环境质量调查与监测 ······ 157
第二节　校园空气环境质量调查与监测 ······ 161
第三节　校园声环境质量监测 ······ 165
第四节　土壤环境质量监测 ······ 168
第五节　环境监测实训报告与实训总结的撰写 ······ 171

参考文献 ······ 173

第一章
分析与监测实验基础

第一节　实验室安全基本知识和管理

一、实验室安全基本知识

实验室中有很多药品具有腐蚀性、毒性和易燃易爆等特点，操作人员应有极强的安全意识，掌握必要的安全防范措施，严格遵守操作规程和规章制度，以避免事故的发生。

1. 建立并严格遵守安全制度

（1）学习检测项目分析操作规程、充分了解设备性能、掌握设备的操作方法。

（2）熟悉各类化学药品的安全操作，安全使用电器设备。

（3）学习用电、防火防爆、灭火、预防中毒及中毒抢救等基本知识，提高安全防护意识和技能。

（4）进入实验室必须穿戴工作服，进行挥发性有机溶剂、危险化学品或其他有毒化学物质等化学药品的操作时，必须穿戴防护用具（防护口罩、防护手套、防护眼镜），且须在通风橱内进行操作，同时务必遵守操作规程，勿自行改变实验流程。

（5）实验区域应有效管控，外单位人员、无关人员不得随意进入实验区域，外来人员进入检测区域须经许可，并有相关人员陪同。

（6）严禁在检测区域内饮食、吸烟或从事与检测无关的活动，不得喧哗打闹。

（7）操作人员不得在检测区域存放、使用与检测无关的物品。

（8）妥善保管和使用化学试剂，禁止将化学试剂、器皿随意带出。

（9）应保持实验室整洁干净，最大程度减少环境对检测结果的影响。

（10）检测工作结束离开实验室前，应进行安全检查，关闭水源、电源、热源、气源和门窗。

（11）废液和废弃物应按规定存放、倾倒、处理、处置，不得随意倒入下水道。

2. 化学试剂使用管理制度

（1）实验室内使用的化学试剂应有专人保管，分类存放，并定期检查。易燃易爆物品必须专库储存,易燃物品应与氧、氯、氧化剂等分别贮存。

(2) 实验室内正在使用的易燃易爆品要放在阴凉通风处,严格管理,遵守使用规定。

(3) 剧毒试剂应放在有毒有害品库内,有条件的要设置报警装置;使用时要有审批手续,实行"双人保管、双人收发、双人领料、双锁、双账"的"五双"保管制度。

(4) 取用化学试剂的器皿应洁净、干燥,取出的化学试剂不能倒回试剂瓶,以免沾污试剂。

(5) 化学试剂必须轻拿轻放,严禁摔、滚、翻、掷、抛、拖拽、摩擦或撞击,以防引起爆炸或燃烧。

(6) 取用挥发性强的试剂需在通风橱内进行,使用挥发性强的有机试剂要远离明火,决不能用明火加热。

(7) 配制各种溶液时必须严格遵守操作规程,配完后立即贴上标签,以免用错试剂,不得使用过期试剂。

(8) 严禁任意混合化学物质;严禁使用无标签试剂。

3. 配备必要的安全设施

(1) 实验室应根据区域功能和相关控制要求,配置必要的通风排气系统。

(2) 实验室应配备安全设施,包括各种防火器材(沙袋、沙箱、灭火器)。

(3) 实验室所用电器设备应绝缘良好,用电装置均应使用三相插头、插座,必须安装触电保护器,仪器应妥善接地。

(4) 实验室应给操作人员配备必要的工作服、防护口罩、防护手套、防护眼镜等防护用品。

(5) 实验室应配备固体废弃物储存容器、废液倾倒的废液缸。

二、设施使用安全管理

为有效保证检测活动安全有序进行,切实保障实验室安全和操作人员的身体健康,应采取安全防护措施并予以严格控制,避免检测活动安全事故的发生。

1. 安全用电管理

(1) 实验室用电容量的确定要兼顾发展的增容需要,留有一定余量,不准乱拉乱接电线。

(2) 大功率实验设备用电必须使用专线,严禁与照明线共用,谨防因超负荷用电着火。

(3) 熔断装置所用的熔丝必须与线路允许的容量相匹配,严禁用其他导线替代。开关、插座、插头等均应保持完好可用状态。

(4) 实验室内所用的高压、高频设备要定期检修,要有可靠的防护措施。凡设备本身要求安全接地的,必须保护接地;定期检查线路,测量接地电阻。

(5) 手上有水或潮湿,请勿接触电器用品或电器设备;严禁使用水槽旁的电器插座(防止漏电或感电)。

(6) 接通或切断 380 V 电源时,必须佩戴胶皮绝缘手套。

(7) 使用新电器设备前,应先熟悉操作方法及注意事项,不得盲目接电源。使用放置时间较长的电器设备,应先检查绝缘情况。

(8) 电气设备发生故障时,须先切断电源,请专业电工或维修人员修理。检修时应先熟悉其性能和使用方法,严格执行操作规程。

2. 安全用水管理

(1) 实验室应时刻保持下水通畅,定期安排专业人员对下水进行检查,防止出现下水道堵塞的情况。

(2) 用水管道的设置应合理安排,暗管铺设时应严格进行检漏,防止暗管在墙壁内破裂,对于暴露在外的管道还应进行保暖处理,防止冬天冻裂。

(3) 管道铺设应与电路分开,防止出现漏水导致电路浸水。

(4) 水龙头的位置应远离电气设备,避免出水时有水溅入电气设备导致短路。

3. 安全用气管理

高压气体钢瓶应符合国家《气瓶安全监察规程》的规定,设专用库房和地点,按种类分开整齐排列安放,并定期进行技术检验,逾期不得使用。实验室内气瓶必须放在专门气瓶室内,并加以标识,严禁安放在露天、走廊或使用区域,严禁远距离输气。

4. 消防安全管理

实验室走廊、楼梯、出口应保持畅通,检测区域应配备一定数量的消防器材。消防安全设施存放处严禁堆放物品,消防器材不得随意移位、损坏和挪用,且应定期检查相关安全设施是否完好,及时更换过期消防器材,保证在必要时的安全使用。

5. 易制毒、易制爆等危险化学品的管理

按照公安部门管理规定,依据《易制毒化学品管理条例》《易制爆危险化学品名录》,严格执行易制毒化学品、易制爆危险化学品的申购、入库保存并填写易制爆化学品使用记录,严格执行"五双"制度(双人保管、双人收发、双人领料、双锁、双账)。易制毒、易制爆及其他危险化学品须在防爆柜中分类存放,并在存储区设置相应的监测、通风、调温、灭火、防腐、防渗漏等安全设施、设备,按照有关规定进行维护、保养。

6. 压力容器的使用管理

压力容器应严格按相关标准操作规程进行操作,相关使用人员必须培训合格方可使用,使用过程中应密切注意观察,以防危险事故的发生。

三、常见事故的急救与处理

实验室应对检测与采样人员进行应急处理相关知识、技能培训,必要时开展应急演练,使他们掌握应急处理相关知识、技能,掌握外伤止血及包扎法、人工呼吸法、骨折固定法以及创伤的搬运护送等。在遇到突发状况时,应冷静沉着,选择适宜的方法,采取有效措施及时自救或互救。

1. 创伤

创伤(割伤)是实验室中经常发生的事故,通常在安装仪器或玻璃器皿的破损时发生。当被创伤(割伤)时,首先应将伤口处玻璃屑取出,用水洗净伤口,以医用双氧水消毒,并涂以碘酒或红汞药水。伤口消毒后可用止血粉外敷,再用消毒纱布包扎,避免伤口因接触化学药品引起中毒。对于外伤引起的出血,关键须保持创面清洁,若情况严重,先涂红药水,撒上磺胺消炎粉,再用消毒纱布压紧伤口止血,立即就医治疗。

2. 烫伤和烧伤

烫伤或烧伤是因操作人员身体直接接触火焰、高温物体所造成的伤害。发生烫伤或烧伤时,可在伤处涂上獾油或用75%酒精润湿后涂烫伤药膏;如果伤及身体表面积较大时,应将伤者衣服脱去(必要时用剪刀剪开衣服),小心用75%酒精润湿并涂上烫伤药膏,送往医院治疗。送伤者至医院时要注意防寒、防暑、防颠,必要时还要输液或止痛。

3. 化学灼伤

化学灼伤时,应迅速解脱衣服,清除皮肤上的化学药品,并用大量干净的水冲洗。再用清除这种有害药品的特种溶剂、溶液或药剂处理,严重的应送医院治疗,化学灼伤的急救或治疗方法见表1-1。如果被浓酸灼伤,最好先用棉布(纸)吸取浓酸,再用水冲洗,接着用3%~5%的碳酸氢钠溶液中和,最后再用水清洗。必要时涂上甘油,若有水泡,应涂上龙胆紫;如果被碱灼伤,应先用水冲洗,然后再用2%硼酸或2%醋酸冲洗;如果眼睛被酸或碱灼伤,先用蒸馏水细水流冲洗,洗涤时要避免水流直射眼球,也不要揉搓眼睛,再用3%~5%的碳酸氢钠溶液或2%硼酸清洗,并及时送医院治疗。

表1-1 化学灼伤的急救或治疗方法

单质和化合物	急救或治疗方法
碱类:KOH、NaOH、NH$_3$/CaO、Na$_2$CO$_3$·K$_2$CO$_3$	立刻用大量的水洗涤,然后用醋酸溶液(20 g/L)冲洗或撒硼酸粉。CaO的灼烧伤,可用任意植物油洗涤伤口
碱金属氰化物、氢氰酸	先用KMnO$_4$溶液洗,再用(NH$_4$)$_2$S溶液漂洗
溴	用1体积25%的氨水+1体积松节油+10体积95%乙醇混合液处理
铬酸	先用大量水冲洗,然后用(NH$_4$)$_2$S溶液漂洗
氢氟酸	先用大量冷水冲洗至伤口表面发红,然后用50 g/L的NaHCO$_3$溶液洗,再用2∶1甘油和氧化镁悬浮剂涂抹,并用消毒纱布包扎
磷	不可将创伤面暴露于空气或用油脂类涂抹。应先用10 g/L CuSO$_4$溶液洗净残余的磷,再用(1+1 000)KMnO$_4$湿敷,外涂以保护剂,用绷带包扎
苯酚	先用大量水冲洗,再用4体积70%乙醇和1体积氯化铁(0.3 mol/L)的混合液洗
氯化锌、硝酸银	先用水冲洗,再用50 g/L NaHCO$_3$漂洗,涂油膏及磺胺粉
酸类:H$_2$SO$_4$·HCl、HNO$_3$、H$_3$PO$_4$·HAc、甲酸、草酸、苦味酸	用大量水冲洗,然后用NaHCO$_3$的饱和溶液冲洗

4. 中毒

分析过程中接触到的化学药品,有些是对人体有毒的,如有些气体(CO、HCN、Cl$_2$、酸雾)。因化学试剂(气体、液体、固体)引发的中毒事故发生后,应立即用湿毛巾捂住嘴、鼻,将中毒者从中毒现场(区域)转移至通风好且空气新鲜的场所,给予吸氧或采用人工呼吸、催吐等急救方法帮助中毒者清除体内毒物,脱除污染的衣物,有条件时可用流动清水及时冲洗皮肤,对于可能引起化学性灼伤或经皮肤吸收中毒的毒物更须充分冲洗,时间一般为 20 min 以上,并考虑选择适当的中和剂中和处理;眼睛有毒物质溅入或引起灼伤时要立即冲洗,并送医院治疗;也可通过排风、用水稀释等手段减轻或消除环境中有毒物质的浓度,必要时拨打 120 急救电话,保护好现场。

5. 爆炸及火灾

化学危险气体爆炸事故发生时,应马上切断现场电源、关闭气源阀门,立即将人员疏散,并将其他易爆物品迅速转移,用室内配备的灭火器扑火,同时拨打火警电话 119。有机物或能与水发生剧烈化学反应的化学药品着火,应用灭火器或沙子扑灭,不得随意用水灭火,以免因扑救不当造成更大损害。不溶于水、密度大于水的易燃可燃液体,如二硫化碳等引起的着火,可用水灭火。电源插座、电气仪器设备或线路发生着火时,应立即切断现场电源,将人员疏散,并组织人员用适宜灭火器进行灭火。常用的灭火器类型及适用范围见表 1-2。

表 1-2 常用的灭火器类型及适用范围

灭火器类型	药液成分	适用范围
酸碱式	H_2SO_4、$NaHCO_3$	非油类及电器失火的一般火灾
泡沫式	$Al_2(SO_4)_3$、$NaHCO_3$	油类失火和一般火灾
二氧化碳	液体 CO_2	电器失火
四氯化碳	液体 CCl_4	电器失火
干粉	粉末主要成分为 $NaHCO_3$ 等盐类物质,加入适量润滑剂、防潮剂	油类、可燃性气体、电器设备、精密仪器、文件资料和遇水燃烧的物品的初期火灾
1211	CF_2ClBr	油类、有机溶剂、高压电器、精密仪器等的火灾

6. 触电

发生触电事故时,应迅速切断电源或用木棍、木棒、竹竿等非导电体将电源拨开。若触电者有肌肉痉挛,紧握电线很难解脱,应设法使触电者离开地面,如在其脚下插入干木板,用干布或衣物将其提起使与地面分开,使触电者迅速脱离电源。千万不可徒手去拉接触者,以免抢救者自己被电流击倒。触电者脱离电源后,应抬至空气流通处,检查伤员的呼吸和心跳情况。情况不严重者,能在短期内自行恢复知觉;若伤员呼吸困难,应立即解开上衣,进行人工呼吸或同时给氧;对触电严重者,需在紧急救护后再送医院,以免耽误抢救时间。

四、实验室危险废物的处理处置

危险化学品的包装容器,不得随意作为垃圾废弃或用作其他用途,避免对环境产生污染危害;失效危险有害试剂使用原包装进行收集存放,易制毒化学试剂的存储容器按类别进行收集存放。

实验过程中，按性质分别收集无机和有机实验废液、化学沾染物等，并按要求存放。实验室产生的危险废物，需联系有资质的处置机构，按要求予以处置。

五、思考题

1. 实验室中有很多药品具有腐蚀性、毒性和易燃易爆等特点，在存放和领取时，有哪些注意事项？
2. 实验室产生的危险废物，应该如何收集和处置？

第二节　实验室用水制备和检测

分析实验室用水影响分析结果的准确度，纯水是分析工作中必不可少的条件之一。纯水应为无色透明的液体，其中不得有肉眼可辨的颜色及纤絮杂质。《分析实验室用水规格和试验方法》(GB/T 6682—2008)中明确将分析实验室用水规格分为三个级别：一级水、二级水、三级水(分析实验室用水的规格及质量指标见表1-3)。一级水用于有严格要求的分析试验，包括对颗粒有要求的试验，如高效液相色谱分析用水。一级水可用二级水经过石英设备蒸馏或离子交换混合床处理后，再经 0.2 μm 微孔滤膜过滤制取。二级水用于无机痕量分析等试验，如原子吸收光谱分析用水。二级水可用多次蒸馏或离子交换等方法制取。三级水用于一般化学分析试验。三级水可用蒸馏或离子交换等方法制取。一级水、二级水、三级水均有相应的质量要求，应根据实验室试验方法的要求选用不同等级实验室用水。

一、实验室用水的质量要求

表 1-3　分析实验室用水的规格及质量指标

指标名称	一级	二级	三级
pH 范围(25 ℃)	—	—	5.0～7.5
电导率(25 ℃)(mS/m)	≤0.01	≤0.1	≤0.5
可氧化物质含量(以 O 计)/(mg/L)	—	≤0.08	≤0.4
吸光度(254 nm,1 cm 光程)	≤0.001	≤0.01	—
蒸发残渣(105±2 ℃)含量/(mg/L)	—	≤1.0	≤2.0
可溶性硅(以 SiO_2 计)含量/(mg/L)	≤0.01	≤0.02	—

注1：由于在一级水、二级水的纯度下，难以测定其真实的pH，因此，对一级水、二级水的pH范围不做规定。
注2：由于在一级水的纯度下，难以测定可氧化物质含量和蒸发残渣含量，因此，对其限量不做规定，可用其他条件和制备方法来保证一级水的质量。

二、影响实验室用水质量的因素

影响实验室用水质量的主要因素有三个:空气、容器、管路。如在实验室制取纯水,可达到质量指标要求,一经放置,特别是接触空气,其电导率会下降。例如用钼酸铵法测总磷以及用纳氏试剂法测氨氮,无论用蒸馏水或离子交换水只要新制取的纯水都适用。一旦放置,空白值会增高,主要来自空气和容器的污染。如玻璃容器盛装纯水可溶出某些金属及硅酸盐,有机物较少。聚乙烯容器所溶出的无机物较少,但溶出的有机物比玻璃容器多。纯水导出管,在瓶内部分可用玻璃管,瓶外导管可用聚乙烯管,在最下端接一段乳胶管,便于配用弹簧夹。

三、取样及贮存

容器:各级用水均使用密闭的、专用聚乙烯容器。三级水也可用密闭的、专用的玻璃容器。新容器在使用前需用质量分数为 20% 的盐酸溶液浸泡 2~3 天,再用待测水反复冲洗,并注满待测水浸泡 6 小时以上。

四、实验室用水的质量检验

在定量分析实验中,水是不可缺少的一种物质,根据任务要求的不同,对水的纯度要求不同,对于一般性分析工作,采用蒸馏水或去离子水,对于微量组分和痕量组分的分析,需用超纯水。因此,应对用水进行质量检验。

用于质量检验的各级待测水不得少于 3 L。取样前应用待测水反复冲洗容器,水样应注满于清洁、密闭的容器内,且要避免沾污。

实验用水 pH、电导率、可氧化物质、蒸发残渣、可溶性硅等可按《分析实验室用水规格和试验方法》(GB/T 6682—2008)进行测定。

五、实验用水的制备

纯水的制备是将原水中可溶性和非可溶性杂质全部除去的水处理过程。制水的方法有蒸馏法、离子交换树脂法、电渗析法、反渗透法等。

1. 蒸馏法

蒸馏法是通过加热原水使液态水转化为水蒸气,水蒸气经过冷凝获得纯水即蒸馏水的方法。制造蒸馏器用的材料有金属、硬质玻璃、石英。使用铜或其他金属制成的蒸馏器,蒸得的蒸馏水中所含的金属杂质,例如铜、锡等常多于原水,石英蒸馏器所制得的蒸馏水更为纯净,适用于所有痕量元素的分析。用蒸馏法制备无离子纯水的优点是操作简便,可以去除非离子杂质和离子杂质。缺点是设备要求严格,产量很低,成本较高。

2. 离子交换树脂法

离子交换树脂法是用阴、阳离子交换树脂除去水质杂质离子的方法,所制得的水为去离子水。这种制备方法的优点是操作简便、设备简单、出水量大,成本较低,已被实验室大量采用。离子交换处理能除去原水中绝大部分盐类、碱和游离酸,但不能完全除去有机物和非电解质。因此,要获得既无电解质又无微生物等杂质的纯水,需要将离子交换水再进行一次蒸馏。反之,为杜绝非电解质杂质和减少离子交换树脂的再生处理次数,以便提高离子交换树脂的利用率,应使用普通市售蒸馏水进行离子交换处理。离子交换法不能除去有机物,其电导率不能表示有机物的污染程度,所以进行有机污染测定,如做 COD_{cr}、BOD 就不能用去离子水,而必须用蒸馏法制得的水。

电渗析法是在外电场的作用下,利用阴、阳离子交换膜对溶液中离子的选择性透过,使杂质离子从水质分离出来的方法。

反渗透法是利用半透膜(反渗透膜),并借助外界施加的压力,强制原水中的水分子透过半透膜以达到除盐的目的,使水得到纯化的方法。

为了得到更高纯度的实验用水,通常可以采用多种技术联合的方法。市场上的一些超纯水机将原水经过机械过滤、活性炭吸附、反渗透、紫外线消解、离子交换、$0.2\ \mu m$ 滤膜过滤等步骤,最终可以获得电阻率达到 $18\ M\Omega \cdot cm$ 的超纯水。

3. 特殊要求蒸馏水制备

分析工作中,因相关检测项目所用检测方法的要求,需使用特殊要求的蒸馏水,如无氨水、无氯水、无氧水、无酚水、无二氧化碳水、无砷水、无有机物水。

(1) 无氨水:①向蒸馏水中加入硫酸至 pH<2,使水中各形态氨或胺最终都转变成不挥发的盐类,收集馏出液即得,应在无氨气的实验室进行蒸馏,避免实验室内空气中含有氨而重新污染。②向蒸馏制得的纯水中加入数毫升再生好的阳离子交换树脂振摇数分钟,获得无氨水。

(2) 无氯水:普通蒸馏水置于硬质烧杯中,煮沸蒸发 1/4,剩余蒸馏水为无氯水。取实验用水 10 mL 于试管中,加入 2~3 滴 (1+1) 硝酸,2~3 滴 0.1 mol/L 硝酸银溶液,混匀,不得有白色混浊出现。

(3) 无氧水:普通蒸馏水煮沸 30~60 min,煮沸过程中将氮气通入水中鼓泡,并在此条件下使水冷至室温,临用前制备,使用时应虹吸取出。

(4) 无酚水:

①加碱蒸馏法:水中加入 NaOH 至 pH>11,使水中酚生成不挥发的酚钠后进行蒸馏制得(同时加入少量高锰酸钾溶液,使水呈紫色,再进行蒸馏)。

②活性炭吸附法:将粒状活性炭加热至 150~170 ℃烘烤 2 h 以上进行活化,放入干燥器内冷却至室温后,装入预先盛有少量水的层析柱中,使蒸馏水缓慢通过该柱床,按照柱容量大小调节其流速,一般以不超过 100 mL/min 流速为宜。初始流出的水(略多于装柱时预先加入的水量)须再次返回柱中,然后正式收集。此柱所能净化的水量,一般约为所用炭粒表观容积的 1 000 倍。

(5) 无二氧化碳水:①煮沸法:将蒸馏水煮沸至少 10 min(水多时),或使水量蒸发

10%以上(水少时),加盖放冷即可。②曝气法:将惰性气体(如高纯氮)通过蒸馏水至饱和即可。

(6) 无砷水:用石英蒸馏器蒸馏,用聚乙烯的树脂管及贮水容器来制备和盛贮不含砷的蒸馏水,避免用软质玻璃蒸馏器。

(7) 无有机物水:将碱性高锰酸钾溶液加入水中再蒸馏,再蒸馏的过程中应始终保持水中高锰酸钾的紫色不得消退,否则应及时补加高锰酸钾。

六、思考题

1. 实验室一级水、二级水、三级水质量和应用范围有什么不同?
2. 实验室制水机为什么需要定期更换滤芯等过滤装置和维护工作?

第三节　试剂配制与保存

一、试剂

1. 试剂的规格用途

化学试剂在生产时,按用途的不同,制造出来的产品等级规格也不同。目前我国生产的试剂质量标准可分为四级,见表1-4。

表1-4　国产试剂规格

等级	名称及符号	标签颜色	用途
一	保证试剂(GR)	绿色	纯度很高,杂质含量低,用于要求较高的分析研究,有的可作为基准物质,主要配制标准溶液
二	分析试剂(AR)	红色	纯度较高,杂质含量较低,用于一般分析研究,可配制普通试液
三	化学纯(CP)	蓝色	质量较分析试剂差,用于工业分析及试验
四	实验试剂(LR)	棕色	纯度较差(比工业品纯度高),杂质含量更多,用于普通实验

除上述四级试剂外,还有基准试剂,纯度相当于或高于保证试剂,主要成分含量一般在99.95%~100.05%。通常用于容量分析中的基准物质,标定标准溶液。

高纯试剂,包括超纯度试剂、特纯试剂、光谱纯试剂,纯度达4个9,5个9以上,杂质(阳离子)总和不超过0.01%、0.001%。它是由专用设备来生产的,在包装、储藏使用等方面都有特殊要求。光谱纯试剂是指杂质含量用光谱分析法已测不出,或低于某一限度,主要用来作为光谱分析中标准物质或配制标样的基体。色谱纯试剂是指杂质含量用色谱分析法检不出或低于某一限度,用于色谱分析的标准物质。

另外还有生物试剂（BR 或 CR 标签颜色为咖啡色）、pH 基准试剂、显微镜试剂等。表 1-5 为化学试剂的等级符号与国外规格对照表。试剂标准有国家标准，标以"GB"；部颁标准，标以"HG"；部颁暂行标准，标以"HGB"。

表 1-5　化学试剂的等级符号与国外规格对照表

国家	一级（优级纯）	二级（分析纯）	三级（化学纯）	四级（实验试剂）
中国	GR	AR	CP	LR
EMKI 德国	GR	LAB	EP	PURE
英国	AR	STR	LR	LC
TSJ 德国	AR	REINST CP	REIN	LR
美国	AR ACS	CP		
日本	特级 GR	一级 AR	EP PURE	
瑞士	PURISS-PA	PURISS	PRACT	

在使用中应按不同要求的分析结果，确定选用不同化学试剂规格。如测 ppb 级就要用高纯度试剂配标准，试剂用量一旦选定，那么由试剂引起的误差是一个系统误差。如配制标准溶液试剂纯度不高，可能会使分析结果偏高。处理样品时所用试剂中某些杂质含量过高，会增加试剂空白，使测定结果偏高，而配制洗液的浓 H_2SO_4 和重铬酸钾可用价格低廉的工业品。所以正确地选用化学试剂是分析工作者的首要任务。

不同制造厂家制造试剂性能也有差异，在使用时要注意厂家。不同批号，有时性能也不同。在做某些分析时对不同批号试剂应做对照试验。选用色谱试剂，指示剂及有机显色剂更要注意试剂的批号。

2. 试剂包装规格

各类化学试剂包装规格见表 1-6。

表 1-6　各类化学试剂包装规格表

试剂类别	包装规格	
	固体质量(g)	液体体积(mL)
第一类（稀有元素）	0.1,0.25,0.5,1,5	
第二类（指示剂）（生物试剂）	5,10,25	
第三类（基准试剂，较贵重的固体或液体试剂）	25,50,100	25,50,100
第四类（一般固体，有机液体化学试剂）	100,250,500	100,250,500
第五类（酸类试剂）	500,1～5 kg（间隔 0.5 kg）	500 mL,1 L,2.5 L,5 L

3. 化学试剂的保存

实验室化学药品，应该由专人妥善保管，尤其是大部分药品具有一定的毒性或易燃易爆的性质。若储藏不当，则会变质，给分析造成误差，甚至实验失败，重则容易发生危险事故。

根据试剂的毒性、易燃性、腐蚀性、挥发性，采取妥善方式保存。剧毒品，如氰化钾、三氧化二砷等要入保险柜保管。易燃品要单独入易燃品库（建造有降温设施的钢筋混凝土制成的储物柜),挥发性酸有条件也应单独入库保存。

强腐蚀剂,应选用耐腐性材料架放置,存放在阴凉通风处,与其他药品隔离放置。

有些药品应低温存放,例如过氧化氢、液氨存放温度要求在10 ℃以下。

药品库存放原包装试剂,都应保护好原附标签或商标,分装试剂应贴有标签并予以涂蜡保护。

一般试剂变质,大多数情况是由于外界条件,如空气、温度、光、杂质、贮存时间等影响造成的。因此,实验操作室中试剂存放必须注意以下事项:

(1)实验室内要配有防尘设备,如防止各种蒸气或气体沾污和侵蚀的专用玻璃试剂柜,设专格存放避光试剂。

(2)实验室内保持一定温度和湿度,通风。易水解试剂放干燥器中保存,极易挥发试剂低温冷藏或放于冰箱中。

(3)经常检查试剂瓶上标签是否完好,字迹是否清楚,如有脱落或模糊应及时更换标签。

(4)对于新领用开瓶使用试剂,必须及时检查瓶口是否封严。

(5)在实验室中不应存放剧毒品与易燃品。

(6)自行配制的试剂溶液,应整齐排列在试剂架上,排列方法可按各分析项目所需试剂配套排列。试剂瓶的标签大小应与瓶子的大小相称,书写要工整。注明名称、浓度、规格、配制日期、有效期、配制人等。应经常擦拭保持清洁,过期失效应及时更换。

4. 化学试剂的取用

1)试剂瓶的开启

(1)进行有危险性化学试剂开瓶操作,如危险试剂取用、易燃易爆物品的处理、焚烧废液等,应有第二者陪伴,陪伴者应处于能清楚看到工作地点的地方并观察操作的全过程。

(2)危险性化学试剂开瓶时应穿工作服,长发要扎起,要戴防护用具,最好能戴上防护眼镜。

(3)首先检查试剂瓶外观,是否贴有明显与内容物相符的标签,试剂瓶标签是否完整。

(4)检查试剂瓶标签上标明的名称、规格(级别)、性状、浓度、生产日期(配置日期)、生产厂家(配制人)和有效期。

(5)用干净的抹布擦净试剂瓶外壁和瓶盖。

(6)开启后的瓶盖应仰放于试剂瓶近侧洁净的台面上。

(7)拿取试剂瓶时掌心应握向试剂瓶签。

(8)试剂一经取出不得放回原瓶,以免沾污原瓶内试剂(不论固体试剂还是液体试剂)。

(9)试剂取用后应及时盖紧瓶盖,放回原处。

2)固体试剂取用

(1)开瓶后检查化学试剂的物理性状是否改变,如潮解、变色等。

(2)取用化学试剂的药匙应干燥洁净,用过的药匙应及时洗净晾干(急用时可用滤纸擦干)再用,避免沾污试剂。

(3)取用化学试剂的药匙、烧杯、量杯等,必须分开使用,每种试剂使用一件器皿,不得混用。

(4) 称量固体试剂时,注意尽量不要多取;若多取了,多取的试剂不能倒回原瓶,可以放入其他洁净的容器中供再用。

(5) 一般的固体试剂可以在洁净的纸或表面皿上称量。具有腐蚀性、强氧化性、容易潮解等特性的固体试剂不能在纸上称量。

(6) 低熔点的固体试剂应根据其化学特性取用,如取用黄磷应在水中切取,乙醇脱水后应快速称量。

3) 液体试剂的取用

(1) 打开浓盐酸、浓硝酸、浓氨水等试剂瓶塞时应在通风柜中进行。

(2) 开启氢氟酸时要戴橡皮手套。

(3) 夏季打开易挥发溶剂瓶塞前,应先用冷水冷却,瓶口不要对向人。

(4) 稀释浓硫酸时,应将稀释容器(烧杯)放在塑料盆中,只能将浓硫酸慢慢倒入水中,并不断搅拌,顺序不能相反,必要时用水冷却。

(5) 使用标准溶液时,应注意溶液温度与室温的平衡,用前先将瓶内试剂充分混匀后取用。

(6) 取用细口瓶中的液体试剂时,一般采用倾出法取用,不直接在试剂瓶中吸取。倾倒试剂时应使瓶签在上方(掌心握向试剂瓶签),逐渐倾斜试剂瓶,使试剂沿玻璃棒或接收容器内壁注入接收容器(一般用干燥洁净的烧杯),再从烧杯内移取,倾出的试剂不得再倒回原瓶中,避免污染试剂。

(7) 吸量液体时吸管尖端要始终保持在液面下深度1厘米左右,防止吸空。

(8) 使用滴瓶取用溶液时,滴管不能触及接收容器的器壁。使用后,应将滴管内剩余溶液排尽。

二、溶液的浓度和计算

1. 溶液浓度的表示方法

在一定量的溶液中所含溶质的量称为该溶液的浓度。

溶液浓度有各种不同的表示方法,主要有质量分数和物质的量浓度两种。质量分数:溶液的浓度用100 g溶液中所含溶质的质量(g)来表示的,即为质量分数,常用百分符号%表示。

$$质量分数(A\%) = \frac{溶质的质量(g)}{溶液的质量(g)} \times 100\%$$

国家标准中规定的表示浓度的量有:

(1) 物质B的质量浓度 ρ_B,SI单位 kg/m^3,常用单位 g/L、mg/mL、$\mu g/mL$。

(2) 物质B的质量分数 ω_B,SI单位无量纲量。

(3) 物质B的质量浓度 C_B,SI单位 mol/m^3,常用单位有 mol/dm^3、mol/L、$mmol/L$。

(4) 物质B的体积分数 φ_B,SI单位无量纲量。

(5) 物质B的质量摩尔浓度 B_B,SI单位 mol/kg,常用单位 mol/g、$mmol/g$。

2. 物质的量、质量、摩尔质量和物质的量浓度的相互关系

(1) 概念

物质的量：化学分析中涉及的大量化学反应，即是按照一定个数，由肉眼看不见的原子、分子和离子或这些粒子的特定组合来进行的，在实践上又是以可称量的物质来进行的，把微粒跟可称量的物质联系起来的物理量是"物质的量"，其单位是摩尔，符号为 mol。

摩尔：某一系统物质的量的单位，系统中所包含的基本单元数与 0.012 kg ^{12}C 的原子数目相等。

在使用摩尔这一单位时，必须指明基本单元，基本单元可以是原子、分子、离子、中子或是这些粒子的特定组合。

我们将 0.012 kg ^{12}C 所包含的原子数目称为阿伏加德罗常数，也就是说每摩尔物质含有阿伏加德罗常数个微粒，这里所说的微粒，既可以是实际存在的任何粒子，如原子、分子、离子等，也可以是设想的粒子的特别组合，如 1/2 H_2SO_4、1/5 $KMnO_4$、1/6 $K_2Cr_2O_7$。

摩尔质量：1 mol 物质的质量称为该物质的摩尔质量，它表示阿伏加德罗常数（常采用 6.02×10^{23} 这个近似值）个微粒的质量，摩尔质量单位为 g/mol。

物质的量浓度：1 L 溶液中所含溶质的物质的量，单位是 mol/L。

比例浓度：又称体积比浓度，实际上也是百分浓度，它用来表示原装试剂与溶剂（通常为水）的比例单位以体积表示。例如 1+5 的硫酸，它表示 1 mL 的市售浓硫酸和 5 mL 的水相混合而成的硫酸溶液。

(2) 相互关系

化学分析中，物质的量 (n_B)、质量 (m)、摩尔质量 (M_B) 与物质的量浓度 (c_B) 之间关系可用下述式子表达：

$$n_B = m/M_B = c_B V$$

$$m = n_B M_B = c_B M_B V$$

$$c_B = n_B/V = m/M_B V$$

上述关系式是水质分析计算的基础，这些关系对分析人员非常重要，要熟练应用它们。

例1：欲配制 0.5 mol/L 的氢氧化钠溶液 200 mL，需要称量固体氢氧化钠多少克？

解：$m(NaOH) = 40$ g/mol

$c(NaOH) = 0.5$ mol/L

$V = 200$ mL $= 0.2$ L

$m = n_B M_B = c_B M_B V = 0.5 \times 40 \times 0.2 = 4$ (g)

例2：如何用 12 mol/L 的浓盐酸配置成 0.3 mol/L 的盐酸 5 L？

解：稀释前后溶质的质量或物质的量没有变化，所以

$$c_1 V_1 = c_2 V_2$$

式中：c_1，c_2 和 V_1，V_2 分别代表稀释前后溶液的物质的量浓度和体积。

根据题意，设需要 V_1 L 12 mol/L 的浓盐酸，则：

$$V_1 = \frac{c_2 V_2}{c_1} = \frac{0.3 \times 5}{12} = 0.125 \text{ L}$$

所以移取 12 mol/L 浓盐酸 0.125 L，加水稀释至总体积为 5 L，搅匀后即得 0.3 mol/L 的盐酸溶液。

例 3：计算配制 2 L 0.5 mol/L 的硫酸亚铁溶液时，需用 $FeSO_4 \cdot 7H_2O$ 多少克？

解：在用含有结晶水的固体试剂配制溶液时，应扣除所含结晶水的量。

$FeSO_4$ 的相对分子质量为 152，$FeSO_4 \cdot 7H_2O$ 的相对分子质量为 278。每升溶液中，应该含 0.5 mol 的 $FeSO_4$（质量 76 g），相当于含有 $FeSO_4 \cdot 7H_2O$ 0.5 mol（质量 139 g），所以，需用 $FeSO_4 \cdot 7H_2O = 139 \times 2 = 278$ g。

根据定义，在使用摩尔这一单位时必须指明其基本单元。所以，在使用物质的量浓度 c_B 时，必须注明 B 是什么基本单元，这里的 B 也可以是原子、分子、离子以及它们的特定组合。对于同一瓶溶液，由于化学反应的不同，其基本单元也会有所不同，因此其物质的量浓度会随基本单元的不同而有不同数值。

(3) 等物质的量规则及其表达式

等物质的量规则是指在化学反应中或溶液配制中消耗的各反应物和生成的各产物的物质的量相等，或者说在滴定分析中，在理论终点时，标准物质的物质的量等于被测物的物质的量。其表达式为：

$$n_T = n_B$$

$$c_T V_T = c_B V_B$$

式中：n_T、n_B——分别表示标准物质与被测物质的物质的量；

c_T、c_B——分别表示标准溶液与被测溶液物质的量浓度；

V_T、V_B——分别表示滴定终点时消耗的标准溶液的体积与被测溶液所取的体积。

在应用等物质的量规则进行计算时，关键在于选择基本单元，选对了基本单元就可确定摩尔质量，从而很容易地计算结果。

3. 各类溶液浓度

标准溶液浓度的表示见表 1-7、表 1-8。

(1) 标准滴定溶液

这类溶液的浓度常用物质 B 的浓度（c_B）或滴定度 $T_{(B/A)}$ 表示。

(2) 基准溶液

这类溶液根据使用的方便，常用物质 B 的浓度（c_B）、物质 B 的质量浓度（ρ_B）、质量分数（ω_B）及滴定度 $T_{(B/A)}$ 等表示。

(3) 元素标准溶液（贮备溶液和工作溶液）

这类溶液根据使用方便大多用物质 B 的质量浓度（ρ_B）表示，也可用物质 B 的浓度

(c_B)或质量分数(ω_B)表示。

（4）一般溶液浓度的表示（这类溶液浓度要求不太严格，用作"条件"溶液），通常用质量分数(ω_B)、体积分数(φ_B)、体积比浓度(V_1+V_2)等表示。

表 1-7　化学分析中溶液浓度的表示方法

量的名称和符号	定义	单位	实例	应用	备注
物质B的浓度（物质B的物质的量浓度）c_B	物质B的量除以混合物的体积 $c_B=n_B/V$	mol/L mmol/L mol/m³ mol/dm³	$c(2HCl)=0.1000$ mol/L 即 1 L 溶液中含有 2HCl 为 0.1000 mol，基本单元为 2HCl（每升溶液中含有 HCl 7.3 g）也可写为 $c(2HCl)/(mol·L^{-1})=0.1000$	用于标准滴定液元素标准溶液，基准溶液的浓度及水质分析中被测组分的含量	用 c_B 表示溶液的浓度，下标B指明基本单元可记为 $C(B)$ 形式。代替已废除的克分子浓度、当量浓度、摩尔浓度
物质B的质量浓度 ρ_B	物质B的质量除以混合物的体积 $\rho_B=m_B/V$	g/L mg/L mg/mL μg/mL kg/m³	$\rho(Cu)=2$ mg/L $\rho(NaCl)=50$ g/L 即 1 L NaCl 溶液中含 50 g NaCl	一般用于元素标准溶液、基准溶液浓度、一般溶液浓度和水质分析中各组分的含量	(1) 用于溶质为固体的溶液； (2) ρ_B 表示元素标准溶液或基准溶液浓度和水质组分含量时应该标明量的符号，并注明基本单元，如 $\rho(Zn^{2+})=2$ mg/mL 或 $\rho(Zn^{2+})/(mg·mL^{-1})=2$ 的形式，代替已废除 1 mL≈2 mg Zn^{2+} 的表示法； (3) 用 ρ 表示元素标准溶液的浓度时，只写整数。需写小数时，只保留小数点的非零数字如 $\rho(Cu)=2$ mg/mL 不写成 $\rho(Cu)=2.00$ mg/mL 或 $\rho(Cu)=2.0$ mg/mL； (4) 代替质量体积百分浓度、ppm、ppb 等
溶质B的质量摩尔浓度 b_B	溶质B的物质的量除以溶剂的质量 $b_B=n_B/m_K$	mol/kg mmol/kg	$b(NaCl)=0.020$ mol/kg 表示 1 kg 水中含有 NaCl 0.020 mol	浓度不受温度影响，化学分析用得不多	代替已废除的重量克分子浓度、重量摩尔浓度。使用此量时必须指明基本单元
滴定度 $T_{(B/A)}$	单位体积的标准溶液A，相当于被测物质B的质量	g/mL mg/mL	$T(Ca/EDTA)=3$ mg/mL 即 1 mL EDTA 标准溶液可定量滴定 3 mg Ca	用于标准滴定液	
质量分数 ω_B	物质B质量与混合物的质量之比 $\omega_B=m_B/m$	无量纲量	$\omega(KNO_3)=10\%$ 表示 100 g 该溶液中含有 KNO_3 10 g，即 10 g KNO_3 溶于 90 g 水中	常用于溶质为固体的一般溶液	用质量分数代替已废除的重量分数、重量比、重量百分浓度%(W/W)、ppm、ppb 等非法定的量
物质体积分数 φ_B	物质B的体积除以混合物的体积 $\varphi_B=V_B/V$	无量纲量	$\varphi(HCl)=5\%$ 表示 100 mL 该溶液中有浓 HCl 5 mL	常用于溶质为液体的一般溶液	用体积分数代替已废除的体积百分浓度%(V/V)、体积浓度、体积比等非法定的量

续表

量的名称和符号	定义	单位	实例	应用	备注
体积比浓度 V_1+V_2	两种溶液分别以 V_1 体积与 V_2 体积相混，或 V_1 体积的特定溶液与 V_2 体积的水相混	无量纲量	HCl(1+2) 即1体积浓盐酸与2体积水相混 HCl+HNO$_3$=3+1 表示3体积浓盐酸与1体积浓硝酸相混	常用于溶质为液体的一般溶液或两种一般溶液相混时的浓度表示	代替已废除的 $V_1:V_2$ 或 V_1/V_2 的非法定量

表 1-8 几种浓度之间的换算关系

浓度类型	c_B	ρ_B	ω_B	b_B
物质 B 的量浓度（单位 mol/L）$c_B=$	—	$\dfrac{\rho_B}{M_B}$	$\dfrac{10\rho\omega_B}{M_B}$	$\dfrac{1\,000\rho b_B}{1\,000 b_B M_B}$
物质 B 的质量浓度（单位 g/L）$\rho_B=$	$c_B m_B$	—	$10\rho\omega_B$	$\dfrac{1\,000\rho b_B M_B}{1\,000 b_B M_B}$
物质 B 的质量分数（单位%）$\omega_B=$	$\dfrac{c_B M_B}{10\rho}$	$\dfrac{\rho_B}{10\rho}$	—	$\dfrac{100 b_B M_B}{1\,000 b_B M_B}$
物质 B 的质量摩尔浓度（单位 mol/kg）$b_B=$	$\dfrac{1\,000 C_B}{1\,000\rho - C_B M_B}$	$\dfrac{1\,000\rho_B}{M_B(1\,000\rho - \rho_B)}$	$\dfrac{1\,000\omega_B}{M_B(100-\omega_B)}$	—

注：(1) ρ 为溶液密度，单位 g/mL；
(2) ω_B 以%表示，换算式中只代入数字，不带"%"符号；
(3) M_B 单位是 g/mol；
(4) 如果改变单位，应乘以相应的系数。

三、标准溶液的配制

1. 基准试剂

(1) 定义

用于配制或标定标准溶液浓度的高纯度化学试剂称为基准试剂或基准物质。

(2) 基准试剂必备条件：

①纯度高，杂质含量一般不得超过 0.01%（4 个 9 以上），个别的基准试剂杂质含量不超过 0.02%。

②有已知灵敏度的定性方法可供检验其纯度。

③易获得、易精制、易干燥，使用时易溶于水（或稀酸溶液、稀碱溶液）。

④稳定性好，不易吸水，不吸收 CO_2，不被空气氧化，干燥时不分解，便于精确称量和长期保存。

⑤使用中符合化学反应的要求，组成恒定，标定时能按化学反应式定量完成。没有副反应或逆反应等，便于计算。

⑥为减小称量的相对误差，所选用的基准试剂中，目标元素的质量比应较小，这样可增大其称用量。

(3) 常用基准试剂(表1-9)

表1-9 水质分析中常用的几种基准试剂

基准物质		干燥后的组成	干燥温度(℃)	标定溶液
名称	分子式			
无水碳酸钠 硼砂	Na_2CO_3 $Na_2B_4O_7 \cdot 10H_2O$	Na_2CO_3 $Na_2B_4O_7 \cdot 10H_2O$	270~300 ℃ 在装有 NaCl 和蔗糖饱和溶液的干燥器中	标定酸
邻苯二甲酸氢钾 草酸	$KHC_8H_4O_4$ $H_2C_2O_4 \cdot 2H_2O$	$KHC_8H_4O_4$ $H_2C_2O_4 \cdot 2H_2O$	110~120 ℃ 室温空气干燥	标定碱
重铬酸钾 碘酸钾	$K_2Cr_2O_7$ KIO_3	$K_2Cr_2O_7$ KIO_3	140~150 ℃ 180 ℃	标定还原剂 ($Na_2S_2O_3$等)
草酸钠	$Na_2C_2O_4$	$Na_2C_2O_4$	130 ℃	标定氧化剂($KMnO_4$)
碳酸钙 锌	$CaCO_3$ Zn	$CaCO_3$ Zn	110 ℃ 干燥中保存	标定 EDTA Na_2
氯化钠	NaCl	NaCl	600 ℃(1 h)	标定硝酸银

2. 配制方法

(1) 直接法

准确称取一定量的基准试剂,溶解后移入容量瓶,稀释定容到标线。根据所取的基准试剂量和量瓶的容量直接计算溶液的浓度。

(2) 间接法

首先配制一近似所需浓度的溶液,然后用基准物质或已知浓度的标准溶液标定其准确浓度。

标准溶液标定程序：

基准物质干燥→称量→溶解定容体积→滴定→数据一致性判定→计算浓度。

↑

标准溶液吸取

标定注意事项：

①基准试剂必须干燥后称取,当指定使用含结晶水的试剂时,只能将其放在适宜的干燥器内,干燥而不得加热,必要时应于精制后再称量。

②标定时应分别独立三份平行样,滴定结果相对误差不超过 0.2%,取平均值计算浓度。

③每份基准物质的称量不应过小,使用 25 mL 的滴定管时,以能消耗滴定液 20 mL 左右为宜,使用 50 mL 滴定管则滴定液消耗在 45 mL 左右。

④对浓度不稳定的标准溶液,应酌情定期重新标定,最好每次使用前进行标定。

⑤一种标准溶液能分析多种物质时,例如 EDTA 标准溶液,应采用含有被测物质而又符合基准试剂条件的试剂作为标定剂,例如测定水的硬度时,使用碳酸钙标定 EDTA-Na_2 标准溶液。

3. 标准溶液的管理

标准溶液是分析方法中赖以比较的物质基础，其质量的优劣直接关系着监测结果的可靠性和准确性。它是监测分析中必须控制的一个重要环节。

标准溶液的使用和保存要求：

(1) 各类标准溶液必须按其化学性质进行配制和保存。对于稳定性差的物质，应先配制浓度较高的贮备标准溶液。使用前再按分析方法要求稀释成工作液（标准使用液）。

(2) 稀标准使用液为一次性使用，不宜保存。

(3) 贮备标准溶液（水溶液）后应低温保存，用前取出放置至室温后，充分摇匀，倾倒在干燥容器中，剩余部分应弃去，不得倒回原瓶。

(4) 有机溶剂配制的贮备标准溶液不宜长期大量存放在冰箱内，以免相互污染或发生危险。

(5) 配制的标准滴定溶液应贮存在能密塞的硬质玻璃瓶或塑料瓶中，不得长期保存在容量瓶中。

(6) 对光敏感的物质，其贮备液应装贮在棕色容器内，密塞后保存在阴凉避光处。

(7) 一般标准溶液不宜长期保存，随时检查，发现有变质可疑情况时，应立即废弃不用。

(8) 高浓度剧毒或有毒物质贮备标准液，应按有毒有害试剂使用和管理规定执行，妥善保管在冰镇的橱柜或冰箱内，不得随意存放。

(9) 标准溶液的容器标签上必须准确表示其名称、浓度、配制日期、配制人、校核人、有效期等。

4. 标准滴定溶液的制备、标定和使用

(1) 除另有规定外，制备标准滴定溶液所用试剂的级别应在分析纯（含分析纯）以上，所用制剂及制品，应按 GB/T 603—2002 的规定制备，实验用水应符合 GB/T 6682—2008 中三级水的规格。

(2) 制备标准滴定溶液的浓度，除高氯酸标准滴定溶液、盐酸-乙醇标准滴定溶液、亚硝酸钠标准滴定溶液[$c(NaNO_2)=0.5$ mol/L]外，均指 20 ℃时的浓度。在标准滴定液标定、直接制备和使用时若温度不为 20 ℃时，应对标准滴定溶液体积进行补正[见《化学试剂　标准滴定溶液的制备》(GB/T 601—2016)中的附录 A]。规定"临用前标定"的标准滴定溶液，若标定和使用时的温度差异不大时，可以不进行补正。标准滴定溶液标定、直接制备和使用时所用分析天平、滴定管、单标线容量瓶、单标线吸管等按相关检定规程定期进行检定或校准，其中滴定管的容量测定方法见《化学试剂　标准滴定溶液的制备》(GB/T 601—2016)中的附录 B。单标线容量瓶、单标线吸管应有容量校正因子。

(3) 在标定和使用标准滴定溶液时，滴定速度一般应保持在 6~8 mL/min。

(4) 称量工作基准试剂的质量小于或等于 0.5 g 时，按精确至 0.01 mg 称量；大于 0.5 g 时，按精确至 0.1 mg 称量。

(5) 制备标准滴定溶液的浓度应在规定浓度的±5%范围以内。

(6) 除另有规定外，标定标准滴定溶液的浓度时，需两人进行实验，分别做四平行，每人四平行标定结果相对极差不得大于相对重复性临界极差[$CR_{0.95}(4)_r=0.15\%$]，两人共八平行标定结果相对极差不得大于相对重复性临界极差$[CR_{0.95}(8)_r=0.18\%]$。在运算过程中保留 5 位有效数字,取两人八平行标定结果的平均值为标定结果,报出结果取 4 位有效数字。

(7) 通常使用基准试剂标定标准滴定溶液的浓度。当对标准滴定溶液浓度的准确度有更高要求时,可使用标准物质(扩展不确定度应小于 0.05%)代替基准试剂进行标定或直接制备,并在计算标准滴定溶液浓度时,将其质量分数代入计算式中。

(8) 标准滴定溶液的浓度小于或等于 0.02 mol/L 时(除 0.02 mol/L 乙二胺四乙酸二钠、氯化锌标准滴定溶液外),应于临用前将浓度高的标准滴定溶液用煮沸并冷却的水稀释(不含非水溶剂的标准滴定溶液),必要时重新标定。

(9) 贮存

①除另有规定外,标准滴定溶液在 10~30 ℃下,密封保存时间一般不超过 6 个月;碘标准滴定溶液、亚硝酸钠标准滴定溶液$[c(NaNO_2)=0.1 mol/L]$密封保存时间为 4 个月;高氯酸标准滴定溶液、氢氧化钾-乙醇标准滴定溶液、硫酸铁(Ⅲ)铵标准滴定溶液密封保存时间为 2 个月;超过保存时间的标准滴定溶液进行复标定后可以继续使用。

②标准滴定溶液在 10~30 ℃下,开封使用过的标准滴定溶液保存时间一般不超过 2 个月(倾出溶液后立即盖紧);碘标准滴定溶液、氢氧化钾-乙醇标准滴定溶液保存时间一般不超过 1 个月;亚硝酸钠标准滴定溶液$[c(NaNO_2)=0.1 mol/L]$保存时间一般不超过 15 天;高氯酸标准滴定溶液开封后当天使用。

③当标准滴定溶液出现浑浊、沉淀、颜色变化等现象时,应重新制备。

④贮存标准滴定溶液的容器,其材质不应与溶液起理化作用,壁厚最薄处不小于 0.5 mm。

四、思考题

1. 化学试剂有哪些分级和对应的用途?
2. 什么是基准试剂?有什么特点?常用的基准试剂有哪些?

第四节 常用玻璃器皿的洗涤、干燥和保存

一、器皿洗涤液的配制和使用

器皿洗涤的清洁与否直接影响实验结果的准确度和精密度,因此,必须十分重视器皿的洗涤。

1. 铬酸洗液

配制:称取 20 克工业重铬酸钾置于 40 mL 水中加热溶解,放冷。缓缓加入 360 mL

浓硫酸(注意:切不可将重铬酸钾溶液加入硫酸中),边加边搅拌,冷却后装入带盖玻璃瓶中备用,可重复使用。刚配制的洗液呈暗红色,表明氧化能力很强;经过长期使用,颜色变绿,表明已经失效,不能再用。

因玻璃能严重吸附 Cr_2O_3,用水也不易完全去除,因此不适用对铬的微量分析。

2. 碱性高锰酸钾洗液

配制:4 g 高锰酸钾溶于少量水中,加入 10 g NaOH 用水稀释至 100 mL。

用于洗涤有油污的器皿。使用此洗液后,如果玻璃容器上沾有褐色二氧化锰,可用盐酸或草酸洗液洗除。该洗液不能长期浸泡所洗的器皿。

3. 碱性乙醇洗液

配制:称取 25 g KOH 溶于最少量水中,再用工业纯的乙醇稀释至 1 L。此洗液适用于洗涤器皿上的油污。该洗涤液不能加热。

4. 纯碱洗液

配制:10%以上的浓 NaOH、KOH 或 Na_2CO_3,用于浸泡或浸煮玻璃器皿。但此洗涤液在器皿中不能超过 20 min,以免腐蚀玻璃。

5. 纯酸洗液

配制:1+1 盐酸、1+1 HNO_3、1+1 H_2SO_4,或浓硫酸、浓硝酸等体积混合。进行浸泡和浸煮器皿,但加热温度不宜太高,以免浓酸挥发分解。

6. 合成洗涤剂或洗衣粉配成的洗涤液

配制:取适量的洗涤剂或洗衣粉溶于 50~60 ℃ 清水中,配成浓溶液。此液用于洗涤玻璃器皿效果很好,并且安全方便。不腐蚀衣物,但洗涤后,最好用 6 mol/L 硝酸浸泡片刻,然后用自来水充分洗净,继以少量蒸馏水冲洗数次。

7. 草酸洗液

配制:取 5~10 g 草酸溶于 100 mL 水中,加入少量浓盐酸。用于洗涤高锰酸钾洗涤后产生的 MnO_2。

8. 碘-碘化钾洗液

配制:1 g 碘和 2 g 碘化钾溶于水中,稀释至 100 mL。用于洗硝酸银滴定后留下的黑褐色沾污物。

9. 有机溶液

用于洗涤沾有较多的油脂性或有机物污物的玻璃器皿,尤其是难以使用毛刷的小件和形状复杂的玻璃器皿,如活塞内孔、吸管和滴定管尖头、滴管可用汽油、甲苯、二甲苯、丙酮、酒精、氯仿、石油醚等有机溶剂浸泡清洗。

二、玻璃仪器洗涤的方法

1. 常规洗涤法

对于一般玻璃器皿,应先用自来水冲洗 1~2 遍,再根据不同洗涤要求,用洗液浸泡或用洗涤剂肥皂粉液仔细洗器皿内外,然后用水冲至看不出肥皂液,再用自来水洗涤 3~

5次,用蒸馏水或去离子水冲3次,洗净后的容器壁上应能被水均匀润湿(不挂水珠)。玻璃仪器洗净后,残留水分用pH试纸检查应为中性。

洗涤中应按少量多次原则冲洗,每次振荡后倾斜干净。用刷子洗涤时,注意不能用力过猛,否则会造成容器内壁表面毛糙,易吸附离子或其他杂物,影响测定结果。测定痕量金属元素的器皿用水冲洗后应用稀硝酸浸泡一昼夜,再用水洗干净。

2. 不便洗刷的器皿洗涤法

根据不同性质的污垢,选择不同的洗涤液进行浸泡或蒸煮,再按常规洗涤。

3. 水蒸气洗涤法

成套的组合玻璃仪器,如CODcr蒸馏装置,除按上述方法洗涤后,使用前整个装置连接蒸馏瓶用热蒸气处理5 min,减少实验误差。

4. 特殊清洁要求

(1) 分光光度计上使用的比色皿测有机物之后,应用有机溶剂洗涤,必要时可用硝酸浸洗,避免用重铬酸钾洗液洗涤,冲洗干净后可用滤纸吸干大部分水分,再用乙醇或丙酮洗涤干燥,参比池也按同样方法处理。

(2) 对测磷酸盐的玻璃器皿,不能使用含磷洗涤剂。

(3) 对测定铬的玻璃器皿不能用铬酸洗涤剂洗涤,可用1+1硝酸或等体积的浓硝酸-硫酸混合液洗涤。

(4) 对测氨的玻璃器皿应以无氨水洗涤,测酚的应用无酚水洗涤。

(5) 测有机氯的玻璃器皿需用铬酸洗涤,浸泡15 min以上,再用自来水、蒸馏水洗净。

(6) 用于有机分析的采样瓶,应用铬酸洗液、自来水、蒸馏水依次洗净,最后以重蒸的丙酮、乙烷或氯仿洗涤数次。

(7) 测定油脂用的采样瓶,用常规方法洗净后,再用石油醚洗涤数次。

三、玻璃器皿的干燥

1. 自然干燥

将洗净的玻璃器皿倒置在器皿架或专柜内自然晾干。

2. 烘干

将洗净的玻璃器皿置于110~120 ℃烘箱内烘1 h左右,也可在红外干燥箱烘干。用于重量法的称量器皿,烘干后须放在干燥器中保存。量器不可放烘箱中烘干,另外要注意烘箱必须清洁无污染。

3. 吹干

急需用的玻璃器皿,可用电吹风快速吹干,通常用少量的丙酮或乙醇倒入已去水的器皿中冲洗一下,然后用电吹风吹,先用冷风,后用热风,再用冷风吹净残余蒸气。

4. 烤干

在缺乏吹风情况下,用酒精灯或红外灯,从玻璃器皿底部烤起,只适用于硬质玻璃。

四、玻璃器皿的保存

1. 干净的玻璃容器应倒置在专用柜内,也可在器皿上覆盖清洁纱布,关闭拉门防止落尘。
2. 玻璃量具,根据不同的外形、特点、用途可归类保管,例如:移液管、刻度吸管可放置在有盖的搪瓷盘、纸盒内,垫以清洁纱布、干净纸张。也可平放在抽屉里,两头加套,还可以置于移液管架上,并罩以塑料薄膜或滤纸筒。
3. 滴定管可倒置在滴定架上,或盛满蒸馏水,上口加套清洁指形试管或小烧杯。使用中的滴定管在操作暂停使用时也应加套。
4. 比色皿、比色管等要放在专用盒内或倒置在专用架上或柜中。
5. 具塞器皿,如称量瓶、容量瓶、碘量瓶、试剂瓶、分液漏斗、比色管、滴定管等都必须保持原装配套,不能拆散使用和存放。
6. 磨口塞要衬纸,以免使用时打不开。专用组合仪器,洗净后需加罩防尘。

五、思考题

1. 有哪些常用的洗液?如何根据器皿污物和测定项目选择洗液类型?
2. 一般玻璃器皿的洗涤步骤是什么?如何判断容器已经清洗干净?

第五节 实验数据记录

为证明检测活动实施的有效性,相关人员应对记录的编制、填写、更改、识别、收集、索引、存放、维护和清理等进行控制管理,确保每一项检测活动技术记录的信息充分,以复现检测过程。

一、记录内容

记录指进行检测活动的信息记录,包括:原始观察记录、导出数据和与建立审核路径有关信息的记录、检测记录、环境条件控制记录、人员培训和考核记录、样品采集记录、方法验证及确认记录、设备管理记录(仪器设备购置、维修和使用及运行检查记录)、质量控制记录以及检测报告或报告副本等。

二、记录要求

1. 全过程记录

对所有检测过程的技术活动应及时记录样品采集、现场测试、样品运输和保存、样品制备、分析测试等检测全过程的技术活动,保证记录信息的充分性、原始性、规范性和可追溯性,能够再现检测全过程。

2. 现场记录

对于现场检测活动结果实时观察、数据计算、数据传输和核查等记录均应附有时间的信息及人员的标识,应注意记录载体的适用性和安全性,避免雨水、潮湿、喷溅等环境因素的损坏;如果不能保证数据及相关信息被带回实验室后的导出完整性,应在现场导出数据及相关信息。

3. 所有的记录应清晰明了,或打印或用水性笔填写。

4. 原始记录必须真实齐全,按格式要求填写,单位、符号均应符合计量单位的规定。

三、记录格式、填写

1. 对在固定设施内和固定设施外场所(检测现场)用的所有记录的标识、贮存、保护、检索、保留和处置过程进行规定。

2. 所有记录格式应按检测方法、检测过程情况予以统一规定,确保信息齐全。

3. 每项检测记录应包含充分的信息,以确保检测活动在尽可能接近原条件的情况下能够过程重复。记录应包括负责抽样的人员、每项检测的操作人员和结果校核人员的标识、检测环境条件、检测所使用的检测设备名称及其唯一性编号、检测所依据的方法名称和编号、检测所设置的技术参数信息等。

4. 原始观察结果、数据和计算应在观察到或获得时予以记录,并应按特定任务予以识别,原始观察结果、数据应在产生时予以记录或录入,不允许补记、追记、誊抄。

四、记录的修改

记录不可以涂改,记录的修改应规范并能够准确地识别,被修改的原记录仍能清晰可见,所有对记录的更改(包括电子记录)实现全程留痕。书面记录形成过程中如有错误,应采用杠改方式进行,能够追溯原记录,并将改正后的数据填写在杠改处。实施记录修改人员应在更改处签名或加盖签章。

五、记录的保存

相关人员应妥善保存好各自填写的记录,及时将相关记录整理、收集、移交,检测任务合同(委托书/任务单)、原始记录及报告审核记录等应与检测报告一起归档。如果有与检测任务相关的其他资料,如检测方案/采样计划、委托方(被测方)提供的项目工程建设、企业生产工艺和工况、原辅材料、排污状况(在线监测或企业自行监测数据)等资料,也应同时归档。

所有记录和报告存放条件应有安全保障措施,对电子存储的记录也应采取与书面媒体同等措施,并加以保护和备份,防止未经授权的侵入及修改,以避免原始数据的丢失和改动。

记录应妥善保管,存放记录的场所要干燥整洁,具备防盗、防火措施,室内严禁吸烟或存放易燃易爆物品。

记录可以以纸张、电子媒体等形式保存,对于存储在电子媒体上的记录,检测人员应将其中与检测结果直接相关的检测原始数据和谱图打印出来,且随时备份,并标识文件名称,防止文件丢失;所有相关电子检测数据和谱图应导出至光盘,随检测项目其他技术档案一同归档保存。在保证安全性、完整性和可追溯的前提下,可使用电子介质存储的报告和记录代替纸质文本存档。

检测活动中由仪器设备直接输出的数据和谱图,应以纸质版或电子介质的形式完整保存,电子介质存储的记录应采取适当措施备份保存,保证可追溯和可读取,以防止记录丢失、失效或篡改。当输出数据打印在热敏纸或光敏纸等保存时间较短的介质上时,应同时保存记录的复印件或扫描件。

一般档案资料保存期限不少于 6 年,行业有规定的还应执行相关行业规定。记录超过保存期,应当按规定销毁。

六、思考题

1. 实验室记录内容包括哪些?
2. 对实验室数据记录修改有什么要求?

第六节 分析质量控制和检测结果表达

一、分析质量控制

1. 分析质量控制要求

(1) 实验室质量控制是实验室检测全过程能满足规定的质量要求所必需的有计划的、系统的全部活动。分析质量控制的目的是把分析工作中的误差,减小到一定的程度,以获得准确可靠的检测结果。

(2) 分析质量控制是发现和控制分析过程产生误差的来源，用以控制和减小误差的措施。

(3) 分析质量控制过程是通过对有证参考物质(或控制样品)的检验结果的偏差来评价分析工作的准确度；通过对有证参考物质(或控制样品)的重复测定之间的偏差来评价分析工作的精密度。

2. 分析误差

任何样品的测定过程，都包含三个主要因素，即检测方法、仪器和操作人员。检测方法可能不够完善，仪器可能有缺陷，操作可能有主观误差，这三方面都是误差的来源。但即使所使用的是最可靠的方法、最精密的仪器，而操作者也是最富有经验的并且非常细心地观察，每次测定的结果也仍然不会完全相同，因此在所有检测分析中，存在着无法克服的误差。当然，误差的产生并不止这三个方面，还有环境、化学试剂、实验用水等。

因为有无法克服的误差的存在，通常都以多次测定结果的平均值作为最可能值。但平均值并非样品中某些成分的真实含量，而只可能接近真实含量。

3. 误差分类

(1) 误差的定义

测量结果减去被测量的真值。(注：由于真值不能确定，实际上用的是约定真值；当有必要与相对误差相区别时，此术语亦称为绝对误差。)

(2) 误差分类

误差按其性质的不同可分为三类，即随机误差、系统误差、粗差(过失误差)。在测量过程中由于影响的不可预期的随机变化，使每个测得值随机地偏离其期望值即平均值，便产生随机误差；由于某种影响量的影响，使测得值的平均值偏离其真值，便产生系统误差；测量过程中不可重复的突发事件所引起的误差，即粗差(过失误差)。

① 系统误差

系统误差定义：在重复性条件下，对同一被测量进行无限多次测量所得结果的平均值与被测量的真值之差(注：如真值一样，系统误差及其原因不能完全获知；对测量仪器而言，其系统误差也称为测量仪器的偏移)。

系统误差是测量过程中某些比较确定的原因所造成的。它对分析结果的影响比较固定，这类误差是单向性的。系统误差对测量结果的影响称为"系统效应"。该效应的大小若是显著的，则可通过估计的修正值予以补偿。

系统误差产生的原因主要有以下几个方面：a. 分析方法不够完善，例如重量分析中沉淀有一定的溶解度；容量分析中，滴定时理论终点和实际情况不十分相符。b. 仪器本身的缺陷或使用了未经校正的仪器，例如天平的两臂不等长，滴定管等量器的真实值与标示值不完全相等。c. 使用的试剂或蒸馏水中含有杂质，例如标准溶液的标定欠准确。d. 化验员个人的操作特点，例如在滴定分析中对指示剂颜色的变化感觉、看滴定管刻度等。

控制方法：

a. 按操作规程正确使用仪器或对仪器进行校正：例如重量分析中称样品和称沉淀

物,滴定分析中称基准物质和称试样,前后应使用同一台天平和同一盒砝码中尽可能相同的砝码(不要用 2 g、2 g、1 g 三只砝码去代替 5 g 的砝码),则天平和砝码的误差可以前后抵消大部分。再如在标定标准溶液和滴定被测溶液时,尽量使用同一滴定管的相同间隔,那么由于滴定管刻度不准确所引起的误差也可以前后抵消。

b. 按操作规程正确进行化验工作:例如标定标准溶液和滴定被测溶液时,使用同一指示剂,则指示剂变色点与滴定终点不完全一致的误差就可以消除。条件可能的话,标定和测定应由同一个化验员操作,这时,个人对终点掌握不同所引起的误差也可以消除。

c. 进行空白试验:所谓空白试验,就是在不加试样或用蒸馏水代替试样的情况下,按照与试样分析同样的操作手续和条件进行分析试验,这样得到的结果称为空白值。从试样分析结果中扣除空白值,就可以校正由于试剂或水不纯等所引起的误差。

d. 进行对照试验:选用与试样成分相近的标准样品与试样在相同的条件下进行操作,把标准样品的分析结果与它的真值加以比较,就可以测出方法不准、试剂不纯等引起的误差,从而在试样的分析结果中加以校正。

②随机误差

随机误差定义:测量结果与在重复性条件下,对同一被测量进行无限多次测量所得结果的平均值之差(注:随机误差等于误差减去系统误差。因为测量只能进行有限多次,故可能确定的只是随机误差的估计值)。

随机误差产生原因:随机误差是由一些不固定的原因所造成的误差,也称为偶然误差。随机误差产生的原因常常难以觉察。例如测量过程中气压、温度、湿度等因素的微小波动、天平的变动性、测微仪的示值变化、分析人员操作技术的微小差异及前后不完全一致等,都是随机误差分量的反映。事实上,多次测量时的条件不可能绝对地完全相同,多种因素的起伏变化或微小差异综合在一起,共同影响而致使每个测得值的误差以不可预估的方式变化。

随机控制方法:a. 样品的均匀性、代表性。b. 分析操作环境,温度和湿度。c. 增加平行测定的次数。d. 严格遵守操作规程。

③粗差(过失误差)

误差主要为系统误差、随机误差两类,严格地说粗差不是误差。

粗差是由测量过程中不可重复的突发事件所引起的。电子噪声或机械噪声可以引起粗差。产生粗差的另一个经常出现的原因是操作人员在读数和书写方面的疏忽以及错误地使用测量设备。必须将粗差和其他两种误差相区分,粗差是不可能再进一步描述的。粗差既不可能被定量地描述,也不能成为测量不确定度的一个分量。由于粗差的存在,使测量结果中可能存在异常值。在计算测量结果和进行测量不确定度评定之前,必须剔除测量结果中的异常值。在测量过程中,如果发现某个测量条件不符合要求,或者出现了可能影响到测量结果的突发事件,可以立即将该数据从原始记录中剔除,并记录下剔除原因。

(3) 误差、随机误差和系统误差之间的关系

由误差、随机误差和系统误差的定义可知:

$$误差 = 测量结果 - 真值$$
$$= (测量结果 - 总体均值) + (总体均值 - 真值)$$
$$= 随机误差 + 系统误差$$

或　　　　　测量结果 = 真值 + 误差 = 真值 + 随机误差 + 系统误差

4. 误差的表示方法

误差有两种表示方法，即绝对误差和相对误差。

（1）绝对误差

测量结果减去被测量的真值所得的差，称为误差，也称绝对误差。

即　　　　　绝对误差 = 测得值 - 真值

例：用天平称得某物质量为 3.418 0 g，已知它的真实质量是 3.418 1 g，求它们的绝对误差。

解：3.418 0 - 3.418 1 = -0.000 1 g，所以绝对误差为 -0.000 1 g。

绝对误差不能反映出这个差值在测定结果中所占的比例。因此，在化学分析工作中，常用相对误差来表示分析结果的准确度。

（2）相对误差

绝对误差除以被测量的真值所得的商，称为相对误差。也就是绝对误差所占约定真值的百分比。

即　　　　　相对误差 = 绝对误差 / 真值 × 100%

在前例中，它的相对误差为：

$$-0.000\,1/3.418 \times 100\% = -0.002\,9\%$$

又如有一物称得其质量为 0.341 7 g，而它的真值为 0.341 8 g，则它的绝对误差是：

$$0.341\,7 - 0.341\,8 = -0.000\,1\ \text{g}$$

而它的相对误差是：

$$-0.000\,1/0.341\,8 \times 100\% = -0.029\%$$

相比较可以看出，虽然两次称量的绝对误差相同，但后一次称量的相对误差比前一次大了一个数量级。可以认为，前一次的称量比后一次要准确。因此，在计量时，通常对相对误差提出一定的要求。显然，测量的数值越大，则相对误差越小，也就是绝对误差对测定结果准确度的影响就越小。所以，在化学分析中，取样量应该大一些，所有测量数据（如试样的质量、滴定分析中的溶液体积、读取的吸光度及色谱峰的面积等）都以大一些为好。

因为测得值可能大于或小于真值，所以无论是绝对误差，还是相对误差都有正、负之分。

5. 测量及测量结果

1) 量值

一般由一个数乘以测量单位所表示的特定量的大小。

例如:5.34 m 或 534 cm,15 kg,10 s,40 ℃。

2) 真值

真值的定义是与给定的特定量的定义一致的值。(注:量的真值只有通过完善的测量才有)

3) 约定真值

对于给定目的具有适当不确定度的、赋予特定量的值,有时该值是约定采用的。

实际上对于给定目的,并不需要获得特定量的真值,而只需要与该真值足够接近的,即其不确定度满足需要的值。特定量的这样的值就是约定真值,对于给定的目的可用它来代替真值。得到特定量约定真值的方法,通常有以下几种:

①由国家基准或当地最高计量标准复现而赋予该特定量的值。

②采用权威组织推荐的该量的值。例如,由国际数据委员会(CODATA)推荐的真空光速、阿伏加德罗常量等特定量的最新值。

③有时用某量的多次测量结果来确定该量的约定真值。

④对于硬度等量,则用其约定参考标尺上的值作为约定真值。

4) 测量

以确定量值为目的的一组操作。

测量结果的好坏常以误差标识,误差的表达以不确定度或相对不确定度为最佳。例如实验结果为 10.1±0.1(%),不确定度为±0.1%。

(1) 精密度:指在同一条件下对同一样品进行多次重复测定时,所得测定结果之间的一致程度。精密度表示分析方法或测量系统存在的随机误差大小的程度。测试结果随机误差越小,测试的精密度越高。

精密度通常用极差、平均偏差和相对平均偏差、标准偏差和相对标准偏差来表示。

①极差:用一组数据的最大值与最小值之差表示,$R = X_{max} - X_{min}$,是最简单的评价方法,反映一组数据的离散度。

②平均偏差:每个原数据值与算术平均数之差的绝对值的均值,平均偏差是反映各标志值与算术平均数之间的平均差异,计算公式为:

$$\overline{d} = \sum_{i=1}^{n} \frac{|X_i - \overline{X}|}{n}$$

③ 相对平均偏差 $= \dfrac{平均偏差}{算术平均值} \times 100\%$

在一次实验中得到的测定值分别为 0.010 3 mol/L、0.010 4 mol/L 和 0.010 5 mol/L,则相对平均偏差的求算为:三个数总和为 0.031 2,平均值为 0.010 4,分别用原值减去平均值取其绝对值,然后相加,得到值为 0.000 2,再用 0.000 2 除以取样次数 3,得到平均偏差 0.000 1,再用 0.000 1 除以平均值 0.010 4,得到相对平均偏差为 0.962%。

④ 标准偏差 $s = \sqrt{\dfrac{\sum_{i=1}^{n} d_i^2}{n-1}}$

⑤ 相对标准偏差(RSD,又称变异系数 CV) = $\dfrac{标准偏差}{算术平均值} \times 100\%$

(2) 准确度:它是测量结果中系统误差与随机误差的综合;准确度是指测量结果与被测量真值的一致程度。准确度通常用误差来表示,误差愈小,表示分析结果愈接近真实数值(注:不要用术语精密度代替准确度;准确度是一个定性概念)。检测结果的准确度受从试样的现场固定、保存、传输到实验室分析等环节影响,一般以检测数据的准确度来表征。

准确度用以度量一个特定分析程序所获得的分析结果(单次测定值或重复测定值的均值)与假定的或公认的真值之间的符合程度。一个分析方法的准确度是反映该方法存在的系统误差或随机误差的综合指标,它决定该分析结果的可靠性。

准确度可用绝对误差或相对误差表示,也可用偏差或相对偏差表示。

绝对误差:测定值减去真实值。

相对误差:绝对误差与真实值的比值,常以百分数表示。

偏差:一个值减去其参考值(注:参考值一般为被测量的均值)。

相对偏差:偏差与参考值的比值,常以百分数表示。

准确度评价方法:可用测量标准样品或以标准样品做回收率测定的方式评价分析方法的准确度。

标准样品分析:通过检测标准样品,由所测得结果判断分析的准确度。

回收率测定:在样品中加入一定量标准物质测其回收率,该方式是目前实验室常用的准确度的方法。按下式计算回收率 P:

$$回收率 P(\%) = \dfrac{加标试样测定值 - 试样测定值}{加标量} \times 100\%$$

二、检测结果表达

1. 有效数字

(1) 有效数字概念

在化学分析工作中,需要记取很多读数,例如滴定管读数 21.30 mL、阻尼天平指针的平衡点读数 10.8 等。这些测量得到的数据,一般允许最后一位是估计的,不太准确的,但也不是任意的。例如上面讲的滴定管读数,化验员是在认为它比 21.29 mL 多些,比 21.31 mL 少些,最接近 21.30 mL 的情况下记录的。也就是认为,该读数的实际值在 21.30±0.01 mL 范围内。如果把该读数记为 21.3 mL,则表示实际值在 21.3±0.1 mL 范围内,对于 21.30 这个数字,虽然最后一位是估计的,但是,它们都是有效的,所以称为有效数字。这里的所谓有效数字,是指分析测量中所能得到的有实际意义的数字。一个由有效数字构成的数值,只有最后一位数字是估计的,而前面所有位数的数字都是准确的。所以,有效数字是由全部准确数字和一位不确定数字构成的。有效数字的有效位数不同,它们的测量不确定度也不同,测量结果 21.30 mL 比 21.3 mL 的不确定度要小。

(2) 有效数字位数

化学分析工作中,仪器读数的有效数字位数由仪器的性能决定。例如,感量万分之一的分析天平可以称准至 0.0001 g,而小数点后第四位是不可靠的。因此,在记录测量数值时,只应保留一位估计数字。这与有关仪器的性能和测量方法的灵敏度相一致,通常可估计到测量仪器最小刻度的十分位。例如常量滴定管的最小刻度为 0.1 mL,读数时应读至 0.01 mL(如 9.43 mL)。

从一个数左边第一个非零数字开始直到最右边的数字,都叫作这个数的有效数字。

例如:0.023 有两位有效数字,230.40 有五位有效数字。

要注意的是,数字"0",当它用于指示小数点的位置而与测量的准确度无关时,不是有效数字,这与"0"在数值中的位置有关。

例 1:第一个非零数字前的"0"不是有效数字。

0.498　　　　三位有效数字

0.005　　　　一位有效数字

例 2:非零数字中的"0"是有效数字。

5.008 5　　　五位有效数字

8 502　　　　四位有效数字

例 3:小数中最后一个非零数字后的"0"是有效数字。

5.850 0　　　五位有效数字

0.390%　　　三位有效数字

例 4:以"0"结尾的整数,有效数字的位数难以判断,如 58500 可能是三位、四位或五位有效数字,在此情况下,应根据测定值的准确度数字或指数形式确定。

5.85×10^4　　　三位有效数字

5.8500×10^4　　五位有效数字

2. 记数规则

(1) 记录检测数据时,只保留一位可疑数字。

(2) 表示精密度通常只取一位有效数字。测量次数多时,可取两位有效数字,且最多只取两位。

(3) 在计算中,当有效数字位数确定以后,其余数字应按数字修约规则一律舍弃。

(4) 在计算中,某些倍数、分数以及不经测量而完全根据理论计算或定义得到的数值,其有效数字位数可视为无限多位。这类数值在计算中需要几位可取几位。

例如:气体常数、数字中的 X、π、滴定分析中 $c(1/2 H_2SO_4)$ 中的 1/2 等。

(5) 测量结果的有效数字所能达到的位数,不能低于方法检出限的有效数字所能达到的位数。

(6) pH 的有效数字位数,取决于小数部分的数字的位数;整数部分只说明该数是 10 的多少次方,仅起定位作用。因此,pH=5.30 只有两位有效数字,只表示[H⁺]= 5.0×10^{-6} mol/L。

(7) 单位换算时要特别注意,不可导致有效数字位数的变动。例如将 237 g 换算为毫克时,应写作 2.37 g=2.37×10^{-3} mg,不可写为 2.37 g=2 370 mg,以免将三位有效数字变为四位有效数字。

3. 有效数字的运算规则

(1) 运算过程中数值进舍规则

在计算一组有效数字位数不同的数据以前,应该首先按照确定了的有效数字将多余的数字予以修约。

弃去多余的或无意义的数字,过去采用"四舍五入"的规则。其缺点是见 5 就进,必然使其数据系统偏高,无法消除由 5 本身引起的误差。目前国家标准规定采用下列规则:

四舍六入五考虑,五后非零则进一,五后皆零视奇偶,五前为偶应舍去,五前为奇则进一。该规则应用的相关例子见表 1-10。

表 1-10 数字修约规则举例

原始数据	修约为四位有效数字后	原始数据	修约为四位有效数字后
0.526 64	0.526 6	15.235 1	15.24
0.362 66	0.362 7	10.265 0	10.26
18.085 2	18.09	10.235 0	10.24

(2) 加、减运算

几个近似数相加、减时,以各数中小数点后位数最少者为准,其余的数均比它多保留一位,多余位数应舍去。计算结果的有效数字位数应与参与运算的数中小数点后位数最少的那个数相同。若计算结果尚需参与下一步运算,则可多保留一位。

例 1:18.3 Ω+1.454 6 Ω+0.876 Ω

18.3 Ω+1.45 Ω+0.88 Ω=20.63 Ω≈20.6 Ω

计算结果为 20.6 Ω。若尚需参与下一步运算,则取 20.63 Ω

任务 1:2.5 mg+1.373 6 mg+0.956 mg

(3) 乘、除(或乘方、开方)运算

在进行数的乘、除运算时,以有效数字位数最少的那个数为准,其余数的有效数字均比它多保留一位。运算结果(积或商)的有效数字位数,应与参与运算的数中有效数字位数最少的那个数相同。若计算结果尚需参与下一步运算,则有效数字可多取一位。

例 2:1.1 m×0.326 8 m×0.103 00 m→

1.1 m×0.327 m×0.103 m=0.037 0 m³≈0.037 m³

计算结果为 0.037 m³。若需参与下一步运算,则取 0.037 0 m³。乘方、开方运算类同。

任务 2：0.526 3 mg/mL×10.0 mL

4. 测定结果的报告

(1) 测定结果的计量单位应采用中华人民共和国法定计量单位。

(2) 化学检测项目浓度含量以 mg/L 表示，浓度较低时，则以 μg/L 表示。

(3) 平行双样测定结果在允许偏差范围之内时，则用其平均值表示测定结果。

(4) 对于低于测定方法最低检测质量浓度的测定结果，报告者应以所用分析方法的最低检测质量浓度报告测定结果，如<0.005 mg/L 或<0.02 mg/L 等。

三、思考题

1. 什么是精密度？表示精密度有哪些参数？
2. 什么是准确度？表示准确度有哪些参数？
3. 运算过程中数值有哪些进舍规则？举例说明。

第二章
基本分析测量仪器的使用

本章主要介绍环境监测实验中常用的基本分析测量仪器的原理、构造、使用方法和注意事项,包括体积量器、天平、pH 计、分光光度计等。

第一节　溶液体积基本量器的使用

环境监测实验中经常会取用或度量溶剂或溶液的体积,会用到量筒、移液管、滴定管、容量瓶等量器,根据实验的要求合理选用量器可以提高实验结果的准确度和精密度。

一、量筒与量杯

量筒和量杯是化学实验中最常用的度量液体体积的量器(如图 2-1 所示),其材质多为玻璃,玻璃量筒透明、刻度清晰、膨胀系数小,测量误差小,且玻璃化学性质稳定,易清洁。同时也有透明塑料量筒,主要用于一些对玻璃有腐蚀作用的溶液体积的度量,如氢氟酸。由于吸附作用,塑料量筒不适用于有机溶剂和有机物溶液的度量。

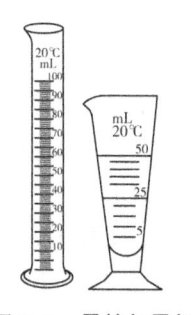

图 2-1　量筒与量杯

量筒的规格一般有 1 mL、5 mL、10 mL、25 mL、50 mL、100 mL、250 mL、500 mL、1 000 mL 等,外壁刻度都是以 mL 为单位,5 mL 量筒最小刻度格表示 0.1 mL,10 mL 量筒最小刻度格表示 0.2 mL,而 50 mL 量筒最小刻度格表示 1 mL。量筒越大,管径越粗,其准确度越小,由视线的偏差所造成的读数误差也越大。同时,为减小多次读数带来的误差,实验中应根据所取溶液的体积,尽量选用能一次取的最小规格的量筒。如量取 15 mL 液体应选用(25 mL,50 mL)量筒,而量取 60 mL 液体,应选用(100 mL,200 mL)量筒。

向量筒里注入液体时,应用左手拿住量筒,使量筒略倾斜,刻度面向操作人,右手拿试剂瓶,瓶口紧挨着量筒口,使液体缓缓流入。注入液体后,等 1~2 min,使附着在内壁上的液体流下来,再读出刻度值,否则读数偏(大,小)。

用量筒量液时视线要与量筒内液体的凹液面在同一水平面上,观察凹液面最底部对应的刻度线读数,如图 2-2 所示。若俯视时视线斜向下,视线与筒壁的交点在水面上,所以读到的数据偏(高,低)。仰视是视线斜向上,视线与筒壁的交点在水面下,所以读到的数据偏(高,低)。量筒只能粗略度量液体的体积,准确度较低,准确度一般为最小刻度对应的体积,无需估读。如 5 mL 量筒可量取 4.5 mL 液体,50 mL 量筒可量取 32 mL 液体。量杯比量筒量取的液体体积更大,因此准确度比量筒更低。

无论量筒还是量杯,均(能,不能)加热液体或量取过热液体,不能作为反应器,不能在量筒内稀释或配制溶液,不能储存药剂。

任务 1:完成上述四段内容括号中的选择,在正确答案上直接打钩。

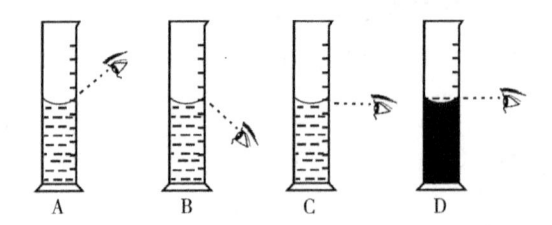

A:视线偏高;B:视线偏低;C:平视凹液面底部(透明液体);D:平视凹液面边缘(深色液体)

图 2-2 量筒容积的观察方法

二、移液管与吸量管

移液管和吸量管是用来准确移取一定体积的液体的量器。它是一种量出式量器,用来测量它所放出溶液的体积。移液管是一根中间有一膨大部分的细长玻璃管(胖肚),下端为尖嘴状,上端管颈处刻有一标线,是所量取的准确体积的标志。常用的移液管有 5 mL、10 mL、25 mL 和 50 mL 等规格。而吸量管则是具有刻度的直形玻璃管,通常有 1 mL、2 mL、5 mL 和 10 mL 等规格。移液管和吸量管所移取的体积通常可准确到 0.01 mL,因此在读数时,要保留小数点后两位。但吸量管的精度不如移液管,因此在需要准确移取溶液时尽量使用移液管。

移液管和吸量管的使用方法如下:

(1) 检查:检查移液管的管口和尖嘴有无破损或堵塞,若有破损则不能使用,若有堵塞则需清理堵塞后方可使用。

(2) 清洗：移液管先用自来水冲洗,再用蒸馏水润洗 2~3 次；若常规冲洗难以清洗干净,可尝试使用超声清洗器清洗。蒸馏水润洗后,在吸取试液前,还要用洗耳球吸取少量待取试液润洗 2~3 次,润洗试液从尖端排入废液杯中。

(3) 移取：用右手拿移液管或吸量管上端合适位置,食指靠近管上口,中指和无名指张开握住移液管外侧,拇指在中指和无名指中间位置握在移液管内侧,小指自然放松,将用待吸液润洗过的移液管插入待吸液面下 1~2 cm 处；左手拿洗耳球,持握拳式,将洗耳球握在掌中,尖口向下,握紧洗耳球,排出球内空气,将洗耳球尖口插入或紧接在移液管(吸量管)上口,注意不能漏气。缓慢松开左手手指,将待取液慢慢吸入管内,直至刻度线以上部分(注意不要吸入洗耳球)。移开洗耳球,迅速用右手食指堵住移液管(吸量管)上口,管尖端离开液面,微微转动移液管使管内液面缓缓下降,溶液慢慢从下口流出,将溶液放至凹液面最底部与标线上缘相切为止,立即用食指压紧管口。将尖口处紧靠试剂瓶内壁,向烧杯口移动少许,去掉尖口处的液滴。将移液管或吸量管小心移至承接溶液的容器中,尖端靠在容器内壁,松开食指,让溶液自然沿器壁流出(如图 2-3)。待试液流出完毕,等约 15 s 后取出移液管。若移液管未标"吹"字,则残留在移液管尖端的试液切勿吹出。

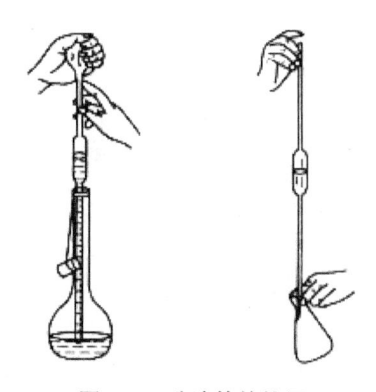

图 2-3 移液管的使用

思考和讨论 1：为什么移液管比吸量管精度更高？

三、移液枪与移液器

移液枪是移液器的一种,常用于实验室少量或微量液体的移取。1956 年,移液枪由德国生理化学研究所的科学家 Schnitger 利用空气排代机理设计完成,属于量出式加样器,量程有固定、可调之分,与传统移液管相比,具有快速、方便、准确、省力的优点,已被广泛应用于生物、化学等领域。不同生产厂家生产移液枪的形状也略有不同,但工作原理及操作方法基本一致。移液枪属精密仪器,使用及存放时均要小心谨慎,防止损坏,避免影响其量程。

移液枪按照量程不同有多种规格,如 0~20 μL、0~100 μL、100~1 000 μL、1 000~

5 000 μL 等，不同量程的移液枪配备大小不同的枪头（管嘴），如图 2-4 所示。

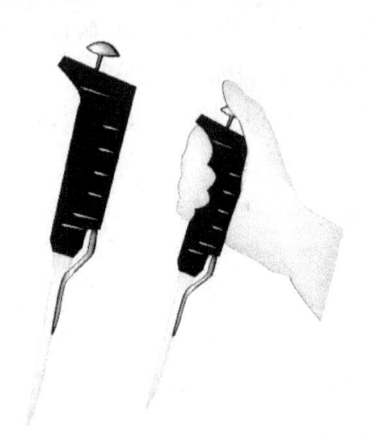

图 2-4　移液枪及握枪方式

移液枪的正确使用对实验结果的影响较大。其使用方法如下：

（1）设定移液量

首先根据要移取的试液体积选择合适量程的移液枪，移液的体积最好接近且不能超过移液枪的最大量程。旋转移液枪一端的调节旋钮至所需刻度。

（2）移液

首先将相应规格的移液枪枪头套在移液枪管锥上，稍用力左右微微转动即可使其紧密结合，切勿猛力撞击。吸取液体时，四指并拢握住移液器上部，用拇指按压柱塞杆顶端的按钮至第一停止位，移液器保持竖直状态，将枪头插入液面下 4～5 mm，若容器较细长，则应增加深度。缓慢松开按钮吸液，避免松开过快造成溶液吸入枪体内部腐蚀零件，吸液完成后停留 1～2 s（黏性大的溶液可加长停留时间）。将吸头沿器壁滑出容器，排液时吸头接触倾斜的器壁，拇指按压柱塞杆顶端的按钮至（第一、第二）停止位排出液体，稍停片刻继续按按钮至（第一、第二）停止位吹出残余的液体，将枪头内液体放干净，最后松开按钮。在吸液之前，可以先吸放几次液体以润湿枪头（尤其是要吸取黏稠或密度与水不同的液体时）。取不同样品时需清洗或更换枪头，移液结束后若暂时取下枪头，应将移液枪枪头尖端朝下竖直放置，切勿平放或倒置，避免少量试液进入移液枪内部，腐蚀内部零件。

任务 2：完成上述内容括号中的选择，在正确答案上直接打钩。

（3）校准

移液枪需要定期校准，依据《移液器检定规程》（JJG 646—2006）中有关称量的要求进行。

有研究者通过实验对移液枪和移液管的精度进行了对比，发现在正确操作的前提下，移液管的精度要优于移液枪。由于其原理限制，移液枪不适合移取强挥发性的试剂。

另外，有生产厂家设计和生产了自动化的定量移液器，操作方便，精度也较高，但由于价格相对较高，且受制于容器的尺寸，普及率不高。

思考和讨论 2:移液枪与移液器使用方便,但定期需要校准体积和维护,为什么?

四、容量瓶

容量瓶是一种细颈梨形平底的容量器,配套有磨口玻璃塞,颈上有标线,表示在标定温度下液体凹液面与容量瓶颈部的标线相切时,溶液体积恰好与瓶上标注的体积相等(如图 2-5)。容量瓶在标定温度下具有准确的容积,是一种量入式的精确仪器,主要用于直接法配制标准溶液和准确稀释溶液以及制备样品溶液。

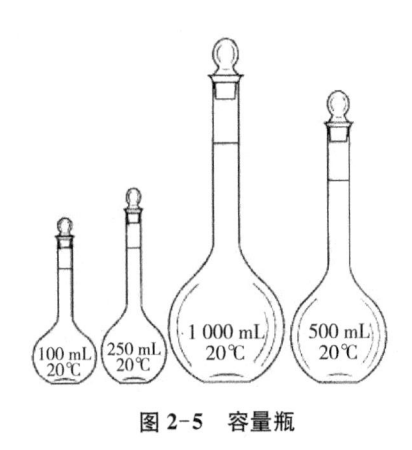

图 2-5 容量瓶

容量瓶一般为玻璃材质,分为透明玻璃容量瓶和棕色玻璃容量瓶,后者多用于易发生光降解、需要避光的溶液的配制。容量瓶按照容积有多种规格,常见的有 5 mL、10 mL、25 mL、50 mL、100 mL、250 mL、500 mL、1 000 mL、2 000 mL 等,可根据需要进行选择。

思考和讨论 3:在什么情况下需要使用棕色容量瓶?

容量瓶的使用方法如下:

1. 检漏

容量瓶有配套的磨口玻璃塞,在使用前需要进行检漏。向容量瓶中加自来水至标线附近,盖好玻璃塞,一手托住瓶底,另一只手用食指压住瓶塞,将其倒立,观察在一段时间内是否有水渗出。如果不漏,将容量瓶正立后,把瓶塞旋转 180°,塞紧,倒立,如仍不漏水,则可使用。

2. 洗涤

将容量瓶用自来水冲洗干净,再用蒸馏水润洗 2~3 次,备用。不需要将容量瓶放入烘箱烘干。

3. 溶液的配制

当用固体配制一定体积准确浓度的溶液时,通常将计算后准确称量的固体放入烧杯中进行溶解,溶解完全后用玻璃棒引流转移至容量瓶中,之后用蒸馏水冲洗 3~4 次,每次的洗涤液都转移入容量瓶内。注意每次冲洗的蒸馏水量不可过多,以免超过容量瓶容积。然后加入蒸馏水稀释，注意将瓶颈附着的溶液冲下。当水加至约容量瓶容积一半时，将容量瓶沿水平方向轻轻振荡使溶液初步混合，注意不要让溶液接触瓶塞及磨口部分。继续加蒸馏水至接近标线，稍停，待瓶颈上附着的液体流下后，用滴管逐滴加蒸馏水至凹液面下端与环形标线相切（定容）。用一只手的食指压住瓶塞，另一只手托住瓶底倒转容量瓶，使瓶内气泡上升至顶部，振荡 5～10 s，再倒转过来，反复多次，使溶液充分混匀。

当用浓溶液配制稀溶液时，则用移液管或移液枪，准确移取一定体积的浓溶液，加入容量瓶中，按照上述方法稀释至标线，摇匀。

容量瓶的溶液要在标定温度下配制，且不能作为固体溶解和反应的容器，也不能用于长期储存试剂，溶液配制好后要尽快转移至试剂瓶中保存。

五、滴定管

滴定管是滴定分析法所用的主要量器，是一种在滴定过程中准确测量溶液体积的量出式量器，上部为标有精确刻度、内径均匀的细长玻璃管。常用的滴定管容积为 50 mL 和 25 mL，最小刻度小格为 0.1 mL，读数时估读一位，即读数体积为小数点后两位。

任务 3：滴定管最小刻度小格为 0.1 mL，读数体积中哪一位为估读？

滴定管一般可分为酸式滴定管和碱式滴定管两种（如图 2-6）。酸式滴定管下端有一玻璃旋塞，用于控制溶液从管内流出。酸式滴定管适用于酸性和氧化性溶液，不宜装碱液。而碱式滴定管下端用一小段乳胶管连接一根带有尖嘴的玻璃短管，乳胶管内有一小玻璃珠用于控制溶液从管内流出。碱式滴定管用来装碱性溶液和非氧化性溶液，不能用来装对乳胶管有侵蚀作用的酸性溶液或氧化性溶液，如高锰酸钾溶液、碘溶液。

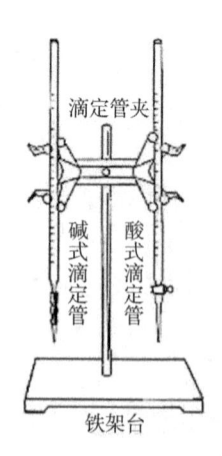

图 2-6 酸式滴定管和碱式滴定管

滴定管的使用方法如下：

1. 检查

滴定管使用前要检查是否有破损，若有破损则不能使用，还要检查是否漏水和堵塞，若有则需检查原因,调整或清洗后再次检查合格后使用。对于酸式滴定管则需要检查玻璃旋塞旋转是否灵活,是否有漏液现象。若有此情况,则需要涂脂操作:取下玻璃旋塞,用滤纸将旋塞和塞槽擦干,在旋塞孔两侧均匀涂上一薄层凡士林,注意不要涂抹过量或者涂到旋塞孔旁,以免堵塞小孔;然后将旋塞小心插入塞槽中,向同一方向旋转旋塞,直至透明、无纹路。为防止旋塞脱出,可用橡皮筋将旋塞系牢或者用旋帽将旋塞固定好。

2. 清洗

滴定管在使用前必须清洗干净,经历"三洗"过程。首先用自来水冲洗,再用蒸馏水润洗2~3次。每次润洗加入适量蒸馏水(5~10 mL),打开旋塞或轻轻挤压玻璃球使部分水由此流出,以冲洗出口管;然后关闭旋塞或松开玻璃球,两手平端滴定管,慢慢转动,使水流遍全管;最后边转动边向管口倾斜,将水从管口倒出。用蒸馏水润洗后,再按照上述操作,用待装溶液润洗2~3次,需要注意的是用溶液润洗,润洗溶液从出口管排出至废液缸。

3. 装液

关好旋塞,左手三指拿住滴定管上部无刻度处,滴定管可以稍微倾斜以便接收溶液,右手拿住试剂瓶往滴定管中倒溶液,不要注入太快,以免产生气泡,影响读数,装至液面到"0"刻度附近为止。注意装液时,决不能借助于其他仪器(如滴管、漏斗、烧杯等)进行。

4. 排气

装入溶液后用滴定管夹将滴定管竖直固定在铁架台上,检查活塞下端或橡皮管内有无气泡。如有气泡,对于酸式滴定管可以多次迅速转动活塞,使溶液急速流出,以排除空气泡;对于碱式滴定管先将滴定管倾斜,将橡皮管向上弯曲,并使滴定管嘴向上,然后捏挤玻璃珠上部,让溶液从尖嘴处喷出,使气泡随之排出,可多次操作使气泡完全排出。对于橡皮管内气泡是否排出橡皮管,可以对光照着检查一下。排除气泡后,调节液面在"0.00"mL 刻度,或在"0.00"刻度以下处,并记下初读数。

5. 读数

普通滴定管装无色溶液或浅色溶液时,读取凹液面最低点处切线对应的体积;溶液颜色太深,无法观察下缘时,如较高浓度的高锰酸钾溶液,应从液面最上缘处读数。读取时,视线和刻度应在同一水平面上,最好面向光亮处,滴定管的读数是自上而下的,应该读到小数点后第二位(即要求估计到±0.01 mL),在装好溶液和滴定放出溶液后,须等待1~2 min,使溶液完全从器壁上流下后再读数。为了便于读数,可采用读数卡。读数卡是用涂有黑色的长方形(约3 cm×1.5 cm)的白纸制成的。读数卡放在滴定管背后,使黑色部分在弯月面下约1 mm处,即可看到弯月面的反射层成为黑色,然后读此黑色弯月面下缘的最低点。溶液颜色深而读取最上缘时,就可以用白纸作为读数卡。

6. 滴定操作

如图2-7所示,使用酸式滴定管滴定时,滴定管管尖插入锥形瓶1~2 cm,左手控制活塞,大拇指在前,食指和中指在后,手指略微弯曲,轻轻向内扣住活塞,右手持锥形瓶,使瓶底向同一方向做圆周运动。

使用碱式滴定管时,左手拇指在前,食指在后,握住橡皮管中的玻璃珠所在部位稍上

酸式滴定管使用方法　　碱式滴定管使用方法

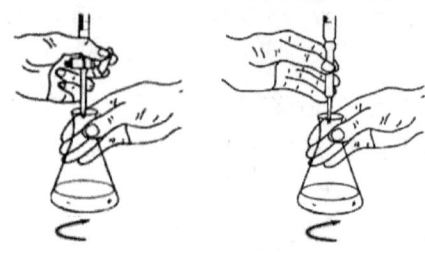

图 2-7　滴定管的操作方法

处,向外侧捏挤橡皮管,使橡皮管和玻璃珠间形成一条缝隙,溶液即可流出。但注意不能捏挤玻璃珠下方的橡皮管,否则会造成空气进入形成气泡。

滴定时一边滴一边同时振荡锥形瓶,不可脱节,滴液速度开始可稍快,每秒可 3～4 滴,切不可呈现明显水流,接近终点时需放慢速度,一滴或半滴地滴加。滴加半滴溶液时,可慢慢控制旋塞或挤压橡皮管,使液滴悬挂管尖而不滴落,用锥形瓶内壁将液滴沾落下,再用少量蒸馏水将之冲入锥形瓶中,使附着的溶液全部流下。一滴或半滴加入后,振荡锥形瓶充分反应,若无颜色变化再滴下一滴或半滴,直至准确到达终点为止。

六、思考题

1. 在滴定等实验中,需要准确移取一定体积的溶液,能否用量筒和量杯移取？可以用哪些量器移取？
2. 滴定管和移液管使用之前为何要用待取或待装溶液润洗？容量瓶需要用溶液润洗么？为什么？
3. 滴定管是否每次滴定都必须从"0"刻度开始？为什么？
4. 容量瓶在使用前要做什么？溶液配制中有哪些注意事项？

第二节　天平的使用

一、天平的介绍

天平是称量物质质量的仪器,具有久远的应用历史。随着科技的发展,天平的种类越来越多,实验室用天平常见的有托盘天平、光电天平、电子天平,按照分析精度又可以分为普通天平和分析天平。实验室一般普通天平用于粗称,分析天平用于准确称量。随着仪器制造技术的进步,普通的托盘天平和光电天平已经逐渐被淘汰,目前实验室中使用的主流天平为电子天平。电子天平利用电子装置完成电磁力补偿或者电磁力矩的调节，使物体在重力场中实现力的平衡或力矩的平衡。一般结构都是机电结合式的，用电子天平称量物质，方便、快速准确，因此应用广泛。根据分析精度不同，电子天平的灵敏度有 0.1 g、0.01 g、0.001 g 和 0.0001 g 等，分别又称为十分之一天平、百分之一天平、千分之一天平和万分之一天平，用于不同的称量需求。粗称天平（灵敏度为 0.1 g 或 0.01 g）一般不配天平罩，精度较高的分析天平为了防止气流影响配置天平罩。粗称电子天平的操作比较简单，下面主要介绍电子分析天平一般的称量操作。

1. 电子天平必须水平放置，查看水平仪，调整四个脚至水平（水平仪内气泡大致处于中间位置）。

2. 接通电源，开启天平，预热至少 15 min。

3. 若天平刚刚购置启用，或使用时间较长，或者移动、环境变化等情况都需要进行校正。不同厂家或型号的天平校正方法可能略有不同，一般天平都有校正按键"CAL"，按校正键后，若显示"CAL-100"且"100"闪烁时，戴干净手套或用镊子将 100 g 标准砝码放入秤盘上，待显示"100.00 g"后取下砝码，显示"0.000 0 g"。

4. 若直接称量不易吸潮且无腐蚀性的固体试剂或样品，则先放置合适大小的称量纸，按去皮键（TAR）去皮，然后将称量物放在称量纸上进行称量；若称量容易吸潮或有腐蚀性的固体，甚至液体时，需借用小烧杯等容器去皮后称量。读数前需将天平罩门关闭，待读数稳定即可记录数据。

5. 称量完毕后，取出称量物，关闭罩门，若长时间不用，则应关闭电源。

注意：在向天平罩内放入称量物和取出称量物时，要小心谨慎，避免洒在罩内，尤其是秤盘上，若不小心洒出，则尽快用毛刷清理干净；另外，称量前要确认称量物（包括试剂和容器）不能超过分析天平的最大量程，可通过粗称天平进行确认。

二、称量方法

利用天平称量试剂或样品的方法包括直接法和差减法两种。

1. 直接法

对于不易吸潮、在空气中性质稳定的固体试剂或样品，可用直接法称量。先放置称量纸或其他小容器在秤盘上，去皮后用药匙将适量固体放置在称量纸或小容器上，待接近所需质量时，用药匙取少量固体，置于秤盘上方，用另一只手轻轻拍打拿药匙手的手腕，将微量固体粉末震入，直至达到所需质量。

2. 差减法

有些固体样品暴露在空气中容易吸潮或在空气中不稳定，则要用差减法来称量。差减法用到称量瓶。称量瓶是带磨口盖子的小玻璃瓶，或高或矮，容量不同，如图 2-8 所示。洗净的称量瓶不能用手直接拿，可戴干净手套或用纸条套住瓶身中部，用手指捏紧纸条进行操作。具体做法为：在干净的称量瓶加入一些样品，在分析天平中准确称量（带盖），然后用纸条将称量瓶取出，在干净的容器上方稍倾斜，用纸片包住瓶盖，打开瓶盖，用瓶盖下部轻轻敲打称量瓶的瓶口,将样品缓慢倾入容器中。估计倾入的样品量已够时,再边敲瓶口边将瓶身扶正,盖好瓶盖后离开容器上方,再准确称量。两次称量结果的质量差即为倾倒出的样品质量。当称量样品量允许一定波动,且小于0.2 g时,为满足误差要求,也可用差减法称量。

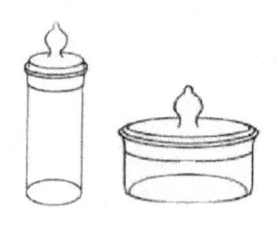

图 2-8 称量瓶

三、思考题

1. 天平在称量前需要做哪些准备工作?
2. 为什么天平在读数前需将罩门关闭?
3. 通常在什么情况下选择差减法称量?

第三节 pH 计的原理及使用

一、pH 计的构造及原理

pH 计,也称为酸度计,是测定溶液酸碱度值(pH)的仪器。pH 计是利用原电池的原理工作的,原电池的两个电极间的电动势依据能斯特定律,既与电极的自身属性有关,还与溶液里的氢离子浓度有关。pH 计主要由测定电极、参比电极和电流计组成。pH 玻璃电极作为 pH 计的测量电极,与参比电极(饱和甘汞电极或银-氯化银电极),浸入待测溶液后组成原电池,其电动势 E 为:

$$E = E_{参比} - E_{玻璃} \tag{2-1}$$

式中:$E_{参比}$——参比电极电动势,与溶液 pH 和组分没有关系;

$E_{玻璃}$——pH 玻璃电极电动势,而 25 ℃时 pH 玻璃电极的电极电位可表示为:

$$E_{玻璃} = E_{玻璃}^{\ominus} - 0.0591 \text{pH} \tag{2-2}$$

式中:$E_{玻璃}^{\ominus}$——pH 玻璃电极的标准电极,则式 2-1 变为

$$E = E_{参比} - E_{玻璃}^{\ominus} - 0.0591\text{pH} = K + 0.0591\text{pH} \qquad (2-3)$$

在确定条件下 $E_{参比} - E_{玻璃}^{\ominus}$ 为常数，表示为 K，则电动势 E 与 pH 成线性关系，这就是 pH 计测定 pH 的定量关系原理。K 值受到诸多因素影响，并非确定不变，因此，在每次测定 pH 之前，都需要用有准确 pH 的标准缓冲溶液进行校准。

pH 玻璃电极目前有单电极和复合电极两种，单电极需配参比电极（如饱和甘汞电极），pH 复合电极除了 pH 玻璃电极通常复合了银-氯化银电极作为参比电极，只需要将此复合电极接在 pH 计上即可测量，不用另配参比电极。

在 pH 电极使用过程中有一些注意事项：

1. 新电极使用前需要进行活化。单电极需要在蒸馏水或 0.1 mol·L^{-1} 氯化钾溶液中浸泡活化 24 h 以上，复合电极需要在 pH=4 或 pH=7 的标准缓冲溶液中调整，并浸泡过夜。

2. 要注意单电极内充液有无气泡，若有气泡小心排出。

3. 电极不可剧烈搅拌溶液，若溶液中有磁力搅拌子或搅拌叶，要小心避免搅拌子或搅拌叶碰撞电极。

4. 更换测量溶液前要用蒸馏水洗净电极，用吸水纸小心吸干电极外部和一端的球泡护罩内的水分，防止损伤球泡。

5. 电极暂时不用时，应将球泡端朝下浸泡在蒸馏水中，长期不用时，单电极可吸干水分后放置，复合电极应将电极套上带有保护液的电极套放置。

6. 无论单电极还是复合电极，一端的玻璃球泡的玻璃膜很薄，极易因碰撞和挤压破碎，使用时应特别注意保护。

7. 电极的其他注意事项请参阅电极说明书。

二、pH 计的使用方法

pH 计有很多生产厂家和型号，但大多是由电流计和电极两部分构成。一般 pH 计有两挡，分别用于测定 pH 和电位值(mV)，测量电位值主要用于应用离子选择电极的定量分析。下面以 pH 复合电极为例，介绍 pH 的测定方法。

1. 预热：pH 计要插上电源，连接好 pH 玻璃膜电极后，打开开关，预热 30 min 左右。

2. 校准：pH 计在使用前需进行校准，若连续使用，可每天校准一次。

①将 pH 计调整至 pH 测定状态。测量溶液温度，将温度补偿旋钮白线调整对准溶液温度值。有些 pH 计具有自动温度补偿功能，此步骤可省略。

②pH 计的校准方法有一点法、两点法和三点法。

一点法校准：对于测量精度在 0.1pH 以下的样品，可以采用 pH=6.86 或 pH=7.00 的标准缓冲溶液进行一点法校准。具体操作为：将用蒸馏水清洗过的电极插入标准缓冲溶液中，待读数稳定后按"定位"键，调节定位调节旋钮使读数为当时温度下的 pH，然后按"确认"键，进入 pH 测量状态。

二点法校准:对于精密级的pH计或精确测量pH,需要用两种标准缓冲溶液进行两点校准。具体操作为:将用蒸馏水清洗过的电极插入标准缓冲溶液中,待读数稳定后按"定位"键,调节定位调节旋钮使读数为当时温度下的pH,然后按"确认"键;取出电极清洗吸干后,根据待测样品溶液的酸碱情况,选用pH=4.00(待测样品溶液为酸性),或pH=9.18(待测样品溶液为碱性)的标准缓冲溶液,将电极浸入选定的标准缓冲溶液中,待显示值稳定后,调节仪器"斜率"旋钮,使仪器显示值为该标准缓冲溶液的pH。取出电极清洗吸干后,再次浸入pH=6.86的标准缓冲溶液中,若读数误差大于0.02,则重复以上步骤,直至在两种溶液中不需调节旋钮就能显示正确的pH。

一般来说,两点校准就可以满足要求,如果精密度要求很高,才考虑第三点。如果仪器有三点校准模式,即选择该模式,若没有,则采用两次两点校正。

3. 测量

将pH计温度补偿旋钮调节至溶液温度,电极清洗吸干后,浸入测试溶液,轻轻晃动后静止放置,显示值稳定后读数并记录。

测下一个待测溶液时,用蒸馏水清洗电极、吸水纸吸干后再进行测定。

4. 电极清洗和保存

测定完成后,关闭电源,将电极用蒸馏水清洗干净以后,从仪器上取下pH复合电极,放入装有保护液的电极套中保存。

三、思考题

乙酸(以HAc表示)是弱电解质,在水溶液中存在以下解离平衡:

$$HAc \rightleftharpoons H^+ + Ac^-$$

起始浓度　　　c　　　　0　　　　0

平衡浓度　　$c(HAc)$　　$c(H^+)$　　$c(Ac^-)$

解离常数表达式为:

$$K_a^{\ominus}(HAc) = \frac{c(H^+)/c^{\ominus} \cdot c(Ac^-)/c^{\ominus}}{c(HAc)/c^{\ominus}} \tag{2-4}$$

$K^{\ominus}(HAc)$为乙酸解离常数。

当乙酸溶液解离度$a<5\%$时,$c-c(H^+) \approx c$,则有:

$$K^{\ominus}(HAc) \approx \frac{c^2(H^+)}{c} \tag{2-5}$$

1. 根据pH的含义,乙酸溶液的浓度和pH相同吗?为什么?

2. 根据乙酸溶液解离常数的近似公式,设计一个实验,设置4个系列浓度的乙酸溶液,通过测定乙酸溶液的浓度和pH,计算乙酸溶液的解离常数。

3. 能不能用极稀浓度乙酸溶液进行测定解离常数的实验,为什么?

第四节 分光光度计的使用

分光光度计是一种实用性非常强的、普及性常规分析仪器,是将成分复杂的光分解为光谱线,利用该谱线进行定性和定量分析的科学仪器。广义上讲,包括大部分利用光学原理进行定性和定量分析的仪器,主要包括分子吸收分光光度计、红外分光光度计、原子吸收分光光度计、原子发射分光光度计、分子荧光分光光度计等。本节只介绍结构较为简单、普及性较高、主要用于定量分析的可见光分光光度计和紫外-可见光分光光度计。

一、基本原理及构造

分光光度计的基本原理是溶液中某种物质在某单色光的照射激发下,产生了对光的吸收效应,这种吸收属于选择性吸收,不同物质分子能够吸收的光的波长是不同的,即有各自的吸收光谱。因此,单色光激发分子被吸收而减弱,光能量的减弱程度与物质的浓度有一定的比例关系,符合 Lambort-Beer 定律,即:

$$A = -\lg T = \varepsilon bc \tag{2-6}$$

式中:A——吸光度,无量纲;

T——透光率,为透射光强度和入射光强度之比,无量纲;

ε——摩尔吸光系数($L \cdot mol^{-1} \cdot cm^{-1}$),与物质的性质、入射光的波长和溶液温度等因素有关;

b——样品光程(cm),若测定溶液即为垂直于光路的液层厚度,取决于比色皿的尺寸,有 0.5 cm、1.0 cm、2.0 cm 等,通常用 1.0 cm 比色皿;

c——样品浓度(mol/L)。入射光选择最大吸收波长的光,在一定条件下,ε 和 b 为常数,则吸光度与样品待测物质浓度成正比。这就是分光光度法的定量分析的基础。

利用分光光度计的分光光度法是一种相对定量的方法,在测定样品之前需要配置一系列浓度的标准系列溶液,分别测定其吸光度,做出吸光度 A-浓度 c 的工作曲线,然后测定样品溶液的吸光度,在工作曲线上求出相应的浓度。

分光光度法的应用光区包括紫外光区(10~400 nm)、可见光区(400~780 nm)和红外光区(780 nm~300 μm)。本节主要介绍可见光区和紫外光区的分光光度计。无论哪一种分光光度计,其基本组成大同小异(图 2-9),均由光源、分光系统、吸收池、光电检测及信号放大装置和指示、记录系统组成。可见光分光光度计的光源用钨丝灯,紫外-可见光分光光度计在紫外光区用氢灯或氘灯,可见光区用钨丝灯;分光系统由棱镜或光栅与透镜、狭缝等组成;在紫外光区比色皿适宜用石英比色皿,在可见光区用光学玻璃比色皿；检测器常用光电倍增管；指示和记录系统有微安表、数字电压表、记录仪等。目前生产的分光光度计很多都配有微处理机或小型计算机，仪器的操作控制、数据处理和图谱检索等均可由计算机完成。

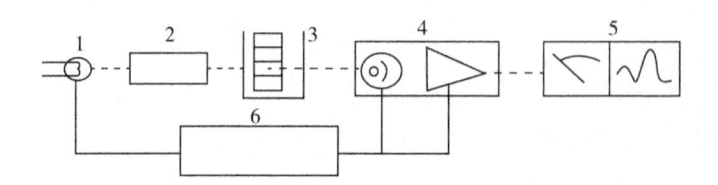

1. 光源；2. 分光系统；3. 吸收池；4. 光电检测及信号放大装置；5. 指示、记录仪表；6. 稳压电源

图 2-9　分光光度计的基本组成

二、可见光分光光度计

可见光分光光度计的生产技术较为成熟，厂家和型号也较多。常见的有 721 系列、722 系列，下面以较为常用的 722 系列为例，介绍可见光分光光度计的使用方法。如图 2-10 为 722 型可见光分光光度计的外形图，其可调节波长范围为 330～800 nm，钨丝灯为光源，分光系统用光栅，波长精度±2 nm。

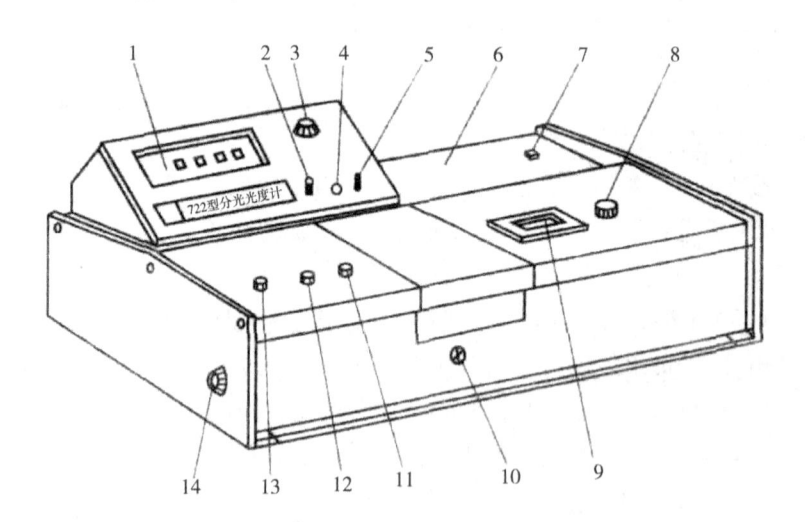

1—数字显示器；2—吸光度调零旋钮；3—选择开关；4—调斜率电位器；5—浓度旋钮；6—光源室；7—电源开关；8—波长手轮；9—波长刻度窗；10—试样架拉手；11—$T=100\%$旋钮；12—$T=0$旋钮；13—灵敏度调节旋钮；14—干燥器

图 2-10　722 型可见光分光光度计外形图

1.722 系列可见光分光光度计的使用方法如下：

（1）检查仪器电源接线牢固，接地良好，将仪器灵敏度钮置于"1"（放大倍数最小），选择开关置于"T"挡。

（2）插上电源插头，开启电源开关，指示灯亮。调节波长旋钮至所需波长，调节"$T=$

100%"旋钮至显示透射比 $T=70\%\sim100\%$。仪器在此状态下预热 20 min。

(3) 打开样品室盖(光门自动关闭,检测器不受光),调节"$T=0\%$"旋钮,使数字显示为"0.00"。

(4) 手拿比色皿的(毛玻璃面,光学玻璃面),用蒸馏水冲洗比色皿 2~3 遍,用少量样品溶液润洗 2~3 次后装液,装液量约占比色皿的 2/3,并用擦镜纸将光学玻璃面仔细擦干。将盛有参比液的比色皿放在试样架第一格,盛有样品液的比色皿放在第二格,若有多个样品则放在第三格和第四格,注意比色皿光面对准光路,手不要碰触光学玻璃面。盖上样品室盖,将参比溶液推入光路,调节"$T=100\%$"旋钮,使数字显示"100.0"。如果显示不到"100.0",增大灵敏度挡,再调整"0"和"100%"。

任务 4:完成上述内容括号中的选择,在正确答案上打钩。

(5) 重复开样品室盖调节 $T=0\%$ 和盖样品室盖调节 $T=100\%$ 的操作,直至仪器显示稳定。

(6) 将选择开关置于"A"挡,调节吸光度调零钮,使数字显示为".000",将样品池推入光路,数字显示值即为吸光度值。

(7) 实验过程中可随时将参比液推入光路,检查其吸光度零点是否变化。若不是".000",则需转到"T"挡重复(3)和(4)操作。若改变测试波长,应稍等片刻后重复(3)和(4)调整后进行测试。

(8) 测试完成后应立即打开样品室盖,取出比色皿,洗净。各旋钮置于原来位置,电源开关置于"关",切断电源。

2. 使用过程中的注意事项:

(1) 实验室室温宜保持在 15~28 ℃,相对湿度宜控制在 45%~65%,不要超过 70%;防尘、防震和防电磁干扰,仪器周围不应有强磁场,应远离电场及发生高频波的电器设备;应防止腐蚀性气体,如 SO_2、NO_2 及酸雾等侵蚀仪器部件,当测量具有挥发性或腐蚀性样品溶液时,比色皿应加盖。

(2) 在不使用时不要开光源灯。如灯泡发黑(钨灯)、亮度明显减弱或不稳定,应及时更换新灯。更换后要调节好灯丝位置,不要用手直接接触窗口或灯泡,避免油污黏附,若不小心接触过,要用无水乙醇擦拭。

(3) 单色器是仪器的核心部分,装在密封的盒内,一般不宜拆开。要经常更换单色器盒的干燥剂,防止色散元件受潮生霉。仪器停用期间,应在样品室和塑料仪器罩内放数袋防潮硅胶,以免灯室受潮,反射镜面有霉点及沾污。

(4) 比色皿在使用后应立即洗净,为防止其光学窗面被擦伤,必须用擦镜纸或柔软的棉织物擦去水分。生物样品、胶体或其他在池窗上形成薄膜的物质要用适当的溶剂洗涤。有色物质污染,可用 3 mol·L^{-1} 盐酸和等体积乙醇的混合液洗涤。

三、紫外-可见光分光光度计

紫外-可见光分光光度计光源可发出紫外光区光和可见光区光,经分光系统分离后照射到吸收池中被样品吸收,测定其吸光度,从而计算出样品溶液中的待测物质浓度,如用紫外分光光度法测定水中的硝酸盐。紫外-可见分光光度计型号较多,一般配有微处理机或小型计算机,甚至配有特定的操作软件。除了在特定波长下的定量分析外,还可以进行波长扫描,用于确定分子结构或材料特性。仪器型号不同,其操作方式差别较大,请仔细参阅产品手册或向售后工程师寻求帮助。

四、可见光分光光度计的校准实验

1. 波长的校准

(1) 一般波长的校准

根据物质的颜色与吸收光颜色的互补关系,将比色皿架取下,插入一块白色硬纸片,打开光源灯,将波长调节器在 700 nm 向 420 nm 方向慢慢转动,观察从出口狭缝射出的光线颜色是否与波长调节器所示的波长符合,如符合,则说明分光系统基本正常。

表 2-1 颜色与波长的关系

波长/nm	400~450	450~480	480~490	490~500	500~560	560~580	580~610	610~650	650~760
吸收光颜色	紫	蓝	绿蓝	蓝绿	绿	蓝绿	黄	橙	红

(2) 用高锰酸钾标准溶液校准波长

以高锰酸钾溶液最大吸收波长 525 nm 为标准,在被检仪器上测绘高锰酸钾的吸收曲线。具体方法如下:取 1 cm 比色皿,以 0.004 mol/L 的高锰酸钾溶液为样品,用纯水作空白参比溶液,在 460、480、510、515、520、525、530、540、550、570 处分别测定吸光度(每次改变波长时,都要用空白参比溶液重新校准),绘出高锰酸钾溶液吸收曲线。如果测得的最大吸收波长在 525±1 nm 以内,说明仪器正常。

2. 比色皿的校准

用铅笔在洗净的吸收池毛面外壁编号并标注放置方向,在吸收池中都装入测定用的空白参比溶液(如蒸馏水),以其中一个为参比,在测定条件下,测定其他吸收池的吸光度。如果测定的吸光度为零或两个吸收池吸光度相等,即为配对吸收池。若不相等,可以选出吸光度最小的吸收池为参比,测定其他吸收池的吸光度,求出校正值。测定样品时,等待测溶液装入校准过的吸收池中,将测得的吸光度值减去该吸收池的校正值即为测定真实值。

3. 吸光度的校准

吸光度的准确性是反映仪器性能的重要指标。一般常用碱性重铬酸钾标准溶液进行吸光度校正,并检查仪器性能是否稳定。

取 0.030 3 g/L 浓度的碱性重铬酸钾标准溶液放入 1 cm 的吸收池中,在 25 ℃时,以 0.05 mol/L 氢氧化钾溶液为参比液,测定其在不同波长下的吸光度或透光率。

测定的数值与下表的数据比较以确定吸光度的误差。

4. 数据记录与处理

（1）把测定高锰酸钾溶液的吸光度数据填入表 2-2，绘制高锰酸钾溶液的吸收曲线，找出最大吸收波长，与 525 nm 比较，判断所用仪器的波长准确性。

表 2-2　高锰酸钾溶液吸光度

λ/nm	460	480	510	515	520	525	530	540	550	570
A										

（2）比色皿的校准

表 2-3　比色皿校准

比色皿编号	1	2	3	4
A	0.000			

（3）吸光度的校准

表 2-4　吸光度校准

波长/nm	400	420	440	460	480	500
吸光度(测定值)						
吸光度(标准值)	0.396	0.124	0.056	0.018	0.004	0.000
A(测)—A(标准)						

5. 根据颜色与波长的关系、高锰酸钾溶液吸收曲线、吸收池及吸光度校准的实验数据，对所使用仪器的性能分别进行评价。

五、思考与讨论

1. 为什么要进行分光光度计的波长、比色皿和吸光度的校准？

2. 可见光分光光度计和紫外分光光度计的比色皿材质是否一样？紫外分光光度计如果用了玻璃材质的比色皿，对测定结果会产生什么影响？

3. 利用分光光度计测定溶液物质浓度时，测定的工作曲线能否连续多天一直使用？为什么？

第三章
水和废水监测

水是人类赖以生存、生活和生产的重要物质之一。人类生活和生产活动会产生大量的生活污水和工业废水，其未经处理或处理不完善而排入天然水体，一定程度上造成地表水和地下水的污染。

水污染主要分为化学型污染、物理型污染和生物型污染。水样监测指标主要包括物理指标、金属化合物、非金属无机物和有机污染物等。本章主要介绍水样色度、悬浮物、溶解氧、化学需氧量、重金属铜锌汞、氮和磷等项目的测定原理和方法。

实验1　水样色度的测定

纯水透明无色，天然水体中含有泥土、浮游生物、有机物和无机物等，呈现一定颜色。水的颜色分为表色和真色。水样色度测定方法有铂钴比色法和稀释倍数法。铂钴比色法适用于清洁水、轻度污染并略带黄色调的水，比较清洁的地面水、地下水和饮用水等。稀释倍数法适用于生活污水和工业废水。稀释倍数法，可参阅《水质　色度的测定　稀释倍数法》(HJ 1182—2021)。下面主要依据《水质　色度的测定》(GB 11903—1989)，采用铂钴比色法测定。

一、实验目的

1. 掌握用铂钴比色法测定水样色度的方法。
2. 理解水样色度测定意义。

二、实验原理

用_____和_____配制颜色标准溶液，与被测样进行目视比较，以测定样品的颜色强度，即色度。

规定每升水中含1 mg铂和0.5 mg钴所具有的颜色为1个色度单位，称为1度。因氯铂酸钾昂贵,故可用_____代替_____,用_____代替_____,配制标准色列。

任务1:根据铂钴比色法原理,将上述文字填写完整。

三、实验仪器与试剂

1. 实验用水

光学纯水:将0.2 μm滤膜在100 mL蒸馏水或去离子水中浸泡1 h,用其过滤250 mL蒸馏水或去离子水,弃去最初的250 mL。

任务2:铂钴比色法中,标准溶液配置的实验用水和稀释水需要选用(　　)。

A. 蒸馏水　　　　　　　　　　　B. 去离子水
C. 光学纯水　　　　　　　　　　D. 煮沸放置24 h以上的蒸馏水

2. 色度标准储备液配置

1.245 ± 0.001 g 六氯铂酸钾(K_2PtCl_6)及 1.000 ± 0.001 g 六水合氯化钴($CoCl_2 \cdot 6H_2O$)溶于约500 mL光学纯水中,加入100 ± 1 mL盐酸,定容至1 000 mL。色度相当于500度。

溶液保存在密封玻璃瓶中,存放至暗处,温度不超过30 ℃。溶液至少可稳定6个月。

3. 色度标准溶液

在一组250 mL容量瓶中,用移液管分别加入表3-1中各体积色度标准储备液,并用光学纯水稀释至标线,密塞保存。

表3-1　加入色度标准储备液体积及对应色度

体积(mL)	2.50	5.00	7.50	10.00	12.50	15.00	17.50	20.00	30.00	35.00
色度(度)										

任务3:将表3-1中色度填写完整。

4. 仪器设备

50 mL具塞比色管(刻线高度应一致)、pH计、250 mL容量瓶。

与水样接触的玻璃器皿需要用盐酸或表面活性剂加以清洗,最后用蒸馏水或去离子水洗净、沥干。

四、实验步骤

1. 样品制备

将水样倒入250 mL(或更大)的量筒中,静置15 min,取上层液体作为待测样品。

思考、讨论和回答1:测定真色,如水样浑浊,可否直接取水样进行测定?

2. 样品的测定

(1) 将一组具塞比色管用色度标准溶液充至标线,将另一组具塞比色管用待测样品充至标线。

（2）将待测样品与标准色列进行目视比较。将具塞比色管放在白瓷板或白纸上,使光线从具塞比色管底部向上通过液柱,目光自管口垂直向下观察液柱,记下与样品色度最接近的标准溶液色度。

另取待测样品测定 pH。

思考、讨论和回答 2:如待测样品色度≥70度,应如何处理样品?

五、数据记录与处理

记录与待测样品最接近的标准溶液的色度值。色度小于 40 度,准确到 5 度;色度在 40～70 度,准确到 10 度。

同时记录样品的 pH。

稀释样品,用下式计算：

$$A_0 = \frac{V_1}{V_0} A_1$$

式中：A_0——待测样品的色度,度；

V_1——样品稀释后的体积,mL；

V_0——样品稀释前的体积,mL；

A_1——稀释后样品的色度,度。

六、注意事项

1. 可用重铬酸钾代替氯铂酸钾配制标准色列。方法是:称取 0.043 7 g 重铬酸钾和 1.000 g 硫酸钴溶于少量水,加入 0.50 mL 硫酸,用水稀释至 500 mL,色度为 500 度。不宜久存。

2. 如样品中有泥土或其他分散很细的悬浮物,虽经预处理而得不到透明水样时,则只测"表色"。

拓展阅读:《水质 色度的测定 稀释倍数法》(HJ 1182—2021)

实验 2　水样悬浮物的测定

水中的总固体物(TS)是表征水中溶解性物质及不溶性物质含量的指标,分为溶解固体物(DS)和悬浮物(SS)。水样经过滤后留在过滤器上的固体物质,于 103～105 ℃烘至恒重后得到的物质称为悬浮物。悬浮物包括不溶于水的泥沙和各种污染物、微生物及难溶无机物等。许多江河由于水土流失使水中悬浮物大量增加。地表水中存在悬浮物,使水体浑浊,透明度降低,影响水生生物呼吸和代谢。悬浮物多时,还可能造成河道阻塞。工业废水和生活污水含大量无机、有机悬浮物,易堵塞管道,污染环境。

悬浮物是水和废水监测中的必测指标,下面主要依据《水质 悬浮物的测定 重量法》(GB 11901—1989),采用重量法测定水样悬浮物。

一、实验目的

1. 通过实验加深理解水样中固体物分类。
2. 掌握重量法测定水样悬浮物的方法。

二、实验原理

用 0.45 μm 滤膜过滤水样,经 103～105 ℃烘干后得到不可滤残渣(悬浮物)含量。

三、实验仪器与试剂

1. 蒸馏水或同等纯度的水
2. 仪器设备
(1) 全玻璃或有机玻璃微孔滤膜过滤器
(2) 滤膜,孔径 0.45 μm,直径 45～60 mm。
(3) 吸滤瓶、真空泵
(4) 无齿扁嘴镊子,称量瓶(内径 30～50 mm)、烘箱、天平(0.1 mg)。

四、实验步骤

1. 滤膜准备

用无齿扁嘴镊子夹取滤膜放于恒重的称量瓶里,移入烘箱中于 103～105 ℃烘干 0.5 h 后取出,置于干燥器内冷却至室温,称其重量。反复烘干、冷却、称量,直至 2 次称量的重量差≤0.2 mg。将恒重的滤膜正确地放在滤膜过滤器的滤膜托盘上,加盖配套的漏斗,并用夹子固定好。以蒸馏水湿润滤膜,并不断吸滤。

2. 测定

量取充分混合均匀的水样 100 mL 抽吸过滤,使水分全部通过滤膜。再以每次 10 mL 蒸馏水连续洗涤 3 次,继续吸滤以除去痕量水分。停止吸滤后,仔细取出载有悬浮物的滤膜放在原恒重的称量瓶里,移入烘箱中于 103～105 ℃烘干 1 h 后,移入干燥器中,冷却到室温,称重。反复烘干、冷却、称量,直至 2 次称量的重量差≤0.4 mg。

思考和讨论 1:测定悬浮物、采集水样有哪些注意事项?可否加入保护剂?

思考和讨论2：漂浮或浸没的不均匀固体物质，测定时是否要保留？

五、数据记录与处理

实验过程中，将测得数据如实填入表3-2中。

表3-2　水样悬浮物实验数据记录

平行测定次数	滤膜+称量瓶重量(g)	悬浮物+滤膜+称量瓶重量(g)
1		
2		
3		

悬浮物含量C(mg/L)按下式计算：

$$C = \frac{(A-B) \times 10^6}{V}$$

式中：C——水中悬浮物含量，mg/L；

A——悬浮物+滤膜+称量瓶重量，g；

B——滤膜+称量瓶重量，g；

V——试样体积，mL。

任务1：滤膜上悬浮物过少，称量误差会（　　）。

A. 增大　　　　　B. 减小　　　　　C. 不变　　　　　D. 无法判断

六、注意事项

滤膜上截留过多的悬浮物可能夹带过多的水分，除延长干燥时间外，还可能造成过滤困难，遇此情况，可酌情少取试样。滤膜上悬浮物过少，必要时可增大试样体积。一般以5～100 mg悬浮物作为量取试样体积的适用范围。

实验3　水样溶解氧的测定

溶解于水中的分子态氧称为溶解氧(DO)。水中溶解氧的含量与大气压、水温、水深、水中各种盐类和藻类的含量以及光照强度等有关。清洁地表水溶解氧一般接近饱和。水体受到有机、无机还原性物质污染时，溶解氧降低。水中溶解氧含量如果低于4 mg/L，水生动物有可能因窒息而死亡。溶解氧是评价水质的重要指标之一。在废水生化处理中，溶解氧也是一项重要控制指标。

水样溶解氧测定的方法有碘量法、修正的碘量法、荧光光谱法和电化学探头法。清洁水可用碘量法。受污染的地表水和工业废水必须用修正的碘量法或电化学探头法。

下面主要依据《水质 溶解氧的测定 碘量法》(GB 7489—1987),采用碘量法测定水样溶解氧。

一、实验目的

1. 掌握碘量法测定水中溶解氧的原理及方法。
2. 正确使用溶解氧瓶及固定水中溶解氧的方式。

二、实验原理

在水样中分别加入硫酸锰和碱性碘化钾,水中的溶解氧会将低价锰氧化成高价锰,生成四价锰的氢氧化物棕色沉淀。加酸后,沉淀溶解并与碘离子反应,释出游离碘。用淀粉作指示剂,用硫代硫酸钠滴定释出的碘,根据滴定用量从而可计算出水样中溶解氧的含量。

反应式如下:

二价锰在碱性溶液中,生成白色的氢氧化亚锰沉淀,

$MnSO_4 + 2NaOH = Mn(OH)_2 \downarrow (白色) + Na_2SO_4$

水中的溶解氧立即将生成的 $Mn(OH)_2$ 沉淀氧化成棕色的 $Mn(OH)_4$,

$2Mn(OH)_2 + O_2 + 2H_2O = 2Mn(OH)_4 \downarrow (棕色)$

加入酸后,$Mn(OH)_4$ 沉淀溶解并氧化 I^-(已加入 KI)释出一定量的 I_2,

$Mn(OH)_4 + 2KI + 2H_2SO_4 = I_2 + MnSO_4 + K_2SO_4 + 4H_2O$

之后用 $Na_2S_2O_3$ 标准溶液滴定释放出的 I_2。

$I_2 + 2Na_2S_2O_3 = 2NaI + Na_2S_4O_6$

三、实验仪器与试剂

1. 试剂

(1) 硫酸锰溶液:称取 $MnSO_4 \cdot 4H_2O$ 480 g 或 $MnSO_4 \cdot 2H_2O$ 400 g 溶于蒸馏水中,过滤并稀释至 1 000 mL。

(2) 碱性碘化钾溶液:称取 500 g 氢氧化钠溶于 300~400 mL 蒸馏水中,冷却。另将 150 g 碘化钾溶于 200 mL 蒸馏水中,慢慢加入已冷却的氢氧化钠溶液,摇匀后用蒸馏水稀释至 1 000 mL,贮于细口棕色瓶中。

(3) (1+1)硫酸溶液。

(4) 1%淀粉溶液:称取 1 g 可溶性淀粉,用少量蒸馏水调成糊状,再用刚煮沸的蒸馏水(边加边搅拌)冲稀至 100 mL。冷却后加入 0.1 g 水杨酸或 0.4 g 氯化锌($ZnCl_2$ 为防腐剂)。此溶液遇碘应变为蓝色,如变成紫色表示已有部分变质,要重新配制。

(5) 硫代硫酸钠溶液：称取 3.2 g 硫代硫酸钠($Na_2S_2O_3 \cdot 5H_2O$)溶于新煮沸放冷的蒸馏水中，加入 0.2 g 碳酸钠，用水稀释至 1 000 mL，贮于棕色瓶中，使用前标定，标定方法参见《水质 溶解氧的测定 碘量法》(GB 7489—1987)。

2. 实验仪器

250～300 mL 溶解氧瓶、50 mL 酸式滴定管、移液管、量筒、250 mL 锥形瓶

四、实验步骤

1. 水样的采集

样品常采集到溶解氧瓶中。采集水样时，注意不使水样曝气或有气泡残存在采样瓶中。

水样采集后，为防止溶解氧的变化，应立即加固定剂于水样中，并存于暗处，同时记录水温和大气压力。

思考、讨论和回答 1：测定溶解氧，为何采集水样的同时记录水温和大气压力？

2. 溶解氧的固定

用吸量管吸取 1.0 mL 的硫酸锰溶液，然后插入溶解氧瓶的液面下 0.5 cm，加入硫酸锰溶液。用同样方法取 2 mL 碱性碘化钾溶液于溶解氧瓶中，盖紧瓶盖，颠倒混合数次，静置。待棕色沉淀物降至瓶内一半时，再颠倒混合一次，待沉淀物下降到瓶底。

任务 1：根据碘量法测定溶解氧原理，现场加入的固定剂是_____和_____。

3. 析出碘

轻轻打开瓶塞，立即用吸管插入液面下加入 2.0 mL 硫酸，盖好瓶塞，颠倒混合摇匀，至沉淀物全部溶解为止，放置暗处 5 min。

思考、讨论和回答 2：加入 2.0 mL 硫酸，沉淀物未完全溶解，如何操作？

4. 滴定

移取 100.0 mL 上述溶液于 250 mL 锥形瓶中，用硫代硫酸钠滴定至溶液呈淡黄色（红棕色至淡黄色），加 1 mL 1‰淀粉溶液，继续滴定至蓝色刚好褪去，记录硫代硫酸钠用量。

任务 2：淀粉溶液的作用是_____。

思考、讨论和回答 3：碘量法测定溶解氧，干扰物质有哪些？如何处理？

五、数据记录与处理

溶解氧计算公式：

$$DO = \frac{C \cdot V \times 8 \times 1\,000}{100}(O_2, mg/L)$$

式中：C——硫代硫酸钠溶液浓度，mol/L；

V——滴定时消耗硫代硫酸钠体积,mL;

8——氧($1/4O_2$)摩尔质量,g/mol。

实验过程中,将测得数据填入表3-3中。

表3-3　测定溶解氧滴定实验数据

水样滴定消耗硫代硫酸钠体积	平行样1	平行样2
滴定管初始读数(mL)		
滴定终点读数(mL)		
消耗体积V_1(mL)		
水样溶解氧(mg/L)		
水样平均溶解氧(mg/L)		
相对平均偏差($R\bar{d}$)		

写出相对平均偏差($R\bar{d}$)计算过程和结果:

六、注意事项

1. 如水样中含有氧化性物质,应预先于水样中加入硫代硫酸钠去除。
2. 如水样呈强酸或强碱性,可用氢氧化钠或硫酸调至中性后测定。

拓展阅读:《水质　溶解氧的测定　电化学探头法》(HJ 506—2009)

实验4　水样COD的测定

化学需氧量(COD)是指在一定条件下,经重铬酸钾氧化处理时,水样中的溶解性物质和悬浮物所消耗的重铬酸盐相对应的氧的质量浓度,用mg/L表示。COD反映了水中受还原性物质污染的程度。水中还原性物质包括有机物、亚硝酸盐、硫化物和二价铁盐等无机化合物。水被有机物污染是很普遍的,因此COD也作为有机物相对含量的指标之一。

水样的化学需氧量,可由于加入氧化剂的种类及浓度、反应溶液的酸度、反应温度和时间以及催化剂的有无而获得不同的结果。因此,必须严格按照操作步骤进行。

水样COD测定的方法有重铬酸盐法、快速消解分光光度法、氯气校正法和恒电流库仑滴定法等。下面主要依据《水质　化学需氧量的测定　重铬酸盐法》(HJ 828—2017),采用重铬酸盐法测定水样COD。

一、实验目的

1. 了解COD的含义。

2. 掌握重铬酸盐法测定 COD 的基本原理和方法。

二、方法原理

在水样中加入已知量的重铬酸钾溶液,并在强酸介质下以银盐作催化剂,经沸腾回流后,以试亚铁灵为指示剂,用硫酸亚铁铵滴定水样中未被还原的重铬酸钾,由消耗的重铬酸钾的量计算出消耗氧的质量浓度。

三、实验仪器与试剂

1. 实验试剂

(1) 重铬酸钾标准溶液

a. 重铬酸钾标准溶液,$c(1/6K_2Cr_2O_7)=0.250$ mol/L。

准确称取 12.258 g 在 105 ℃烘箱中干燥至恒重的重铬酸钾(基准试剂)溶于水中,定容至 1 000 mL。

b. 重铬酸钾标准溶液,$c(1/6K_2Cr_2O_7)=0.025\ 0$ mol/L。

将重铬酸钾标准溶液(a)稀释 10 倍。

(2) 试亚铁灵指示剂。溶解 0.7 g 七水合硫酸亚铁于 50 mL 水中,加入 1.5 g 邻菲罗啉,搅拌至溶解,稀释至 100 mL。

(3) 硫酸亚铁铵标准溶液

a. 硫酸亚铁铵标准溶液,$c[(NH_4)_2Fe(SO_4)_2 \cdot 6H_2O] \approx 0.05$ mol/L。

称取 19.5 g 硫酸亚铁铵溶解于水中,加入 10 mL 硫酸,待溶液冷却后稀释至 1 000 mL。每日临用前,必须用重铬酸钾标准溶液(a)准确标定硫酸亚铁铵溶液(a)的浓度;标定时应做平行双样。

取 5.00 mL 重铬酸钾标准溶液(a)置于锥形瓶中,用水稀释至约 50 mL,缓慢加入 15 mL 硫酸,混匀,冷却后加入 3 滴(约 0.15 mL)试亚铁灵指示剂,用硫酸亚铁铵(a)滴定,溶液的颜色由黄色经蓝绿色变为红褐色即为终点,记录下硫酸亚铁铵的消耗量 V(mL)。

硫酸亚铁铵标准滴定溶液浓度按下式计算:

$$C=1.25/V$$

式中:V——滴定时消耗硫酸亚铁铵溶液的体积,mL。

b. 硫酸亚铁铵标准溶液,$c[(NH_4)_2Fe(SO_4)_2 \cdot 6H_2O] \approx 0.005$ mol/L。

将硫酸亚铁铵标准溶液(a)中的溶液稀释 10 倍,用重铬酸钾标准溶液(b)标定,其滴定步骤及浓度计算同硫酸亚铁铵标准溶液(a)。每日临用前标定。

(4) 硫酸-硫酸银溶液:称取 10 g 硫酸银,加到 1 L 硫酸中,放置 1~2 d 使之溶解,并摇匀,使用前小心摇动。

(5) 硫酸汞溶液($\rho=100$ g/L):称取 10 g 硫酸汞,溶于 100 mL 硫酸溶液中,混匀。

2. 仪器设备

(1) 回流装置:磨口 250 mL 锥形瓶的全玻璃回流装置,可选用水冷或风冷全玻璃回流装置,其他等效冷凝回流装置亦可。

(2) 加热装置:电炉或其他等效消解装置。

(3) 分析天平:感量为 0.000 1 g。

(4) 25 mL 或 50 mL 酸式滴定管,一般实验室常用仪器如锥形瓶、移液管、容量瓶等。

四、实验步骤

1. 测定 CODcr>50 mg/L 的样品

(1) 取 10.0 mL 混合均匀的水样(或适量水样稀释至 10.0 mL)置于 250 mL 磨口的锥形瓶中,依次加入硫酸汞溶液、重铬酸钾标准溶液(a)5.00 mL 和几颗防爆沸玻璃珠,摇匀。硫酸汞溶液按质量比 $m[HgSO_4]:m[Cl^-] \geqslant 20:1$ 的比例加入,最大加入量为 2 mL。

将锥形瓶连接到回流装置冷凝管下端,从冷凝管上端缓慢加入 15 mL 硫酸银-硫酸溶液,以防止低沸点有机物的逸出,轻轻摇动锥形瓶使溶液混匀,保持微沸回流 2 h(自开始沸腾时计时)。

任务 1:如何粗判水样中氯离子含量?

(2) 回流冷却后,自冷凝管上端加入 45 mL 水冲洗冷凝管,使溶液体积在 70 mL 左右,取下锥形瓶。溶液冷却至室温后,加入 3 滴试亚铁灵指示剂溶液,用硫酸亚铁铵标准溶液(a)滴定,溶液的颜色由黄色经蓝绿色变为红褐色即为终点。记下硫酸亚铁铵标准溶液的消耗体积 V_1。

(3) 测定水样的同时,取 10.00 mL 蒸馏水,按同样的操作步骤做空白试验。记录测定空白时硫酸亚铁铵标准溶液的用量 V_0。

2. 测定 CODcr≤50 mg/L 的样品

取 10.0 mL 水样于锥形瓶中,依次加入硫酸汞溶液、重铬酸钾标准溶液(b)5.00 mL 和几颗防爆沸玻璃珠,摇匀。其他操作与 CODcr>50 mg/L 的样品相同。

待溶液冷却至室温后,加入 3 滴试亚铁灵指示剂溶液,用硫酸亚铁铵标准滴定溶液(b)滴定,溶液的颜色由黄色经蓝绿色变为红褐色即为终点。记录硫酸亚铁铵标准滴定溶液的消耗体积 V_1。

任务 2:简述实验中所用各试剂作用?

思考、讨论和回答 1:如何判断水样是否需要稀释?

五、数据记录与处理

$$COD(O_2, mg/L) = (V_0 - V_1) \times C \times 8\,000 \times f / V_2$$

式中：C——硫酸亚铁铵标准溶液的浓度，mol/L；

V_0——空白试验所消耗的硫酸亚铁铵标准溶液的用量，mL；

V_1——水样测定时所消耗的硫酸亚铁铵标准溶液的用量，mL；

V_2——水样的体积，mL；

f——样品稀释倍数；

8 000——$1/4O_2$ 的摩尔质量以 mg/L 为单位的换算值。

1. 硫酸亚铁铵标准溶液的标定（表 3-4）

表 3-4　5.00 mL 重铬酸钾标准溶液(a)

硫酸亚铁铵体积	平行样 1	平行样 2
滴定管初始读数(mL)		
滴定终点读数(mL)		
消耗体积 V(mL)		
标定浓度(mol/L)		
标定平均浓度 C(mol/L)		

2. 已知水样的测定（表 3-5）

表 3-5　空白水样体积为 10.00 mL

空白实验消耗硫酸亚铁铵体积	平行样 1	平行样 2
滴定管初始读数(mL)		
滴定终点读数(mL)		
消耗体积(mL)		
平均消耗体积 V_0(mL)		

3. 未知水样的测定（表 3-6）

表 3-6　未知水样取样体积为 V_2

水样滴定消耗硫酸亚铁铵体积	平行样 1	平行样 2
滴定管初始读数(mL)		
滴定终点读数(mL)		
消耗体积 V_1(mL)		
$V_0 - V_1$		
水样浓度 ρ_i(mg/L)		
水样平均浓度 $\bar{\rho}$(mg/L)		
相对平均偏差($R\bar{d}$)		

相对平均偏差($R\bar{d}$)计算过程：

六、注意事项

1. 样品浓度低时,取样体积可适当增加。
2. 当 CODcr 测定结果小于 100 mg/L 时保留至整数位;当测定结果大于或等于 100 mg/L 时,保留三位有效数字。

拓展阅读:《水质 化学需氧量的测定 快速消解分光光度法》(HJ 399—2007)

实验 5　高锰酸盐指数的测定

高锰酸盐指数能在一定程度上反映水中还原性物质污染的程度,在许多国家地表水水质监测项目中,是必测的水质指标。在我国地表水环境质量标准中,高锰酸盐指数是 24 个基本项目之一。

高锰酸盐指数测定的方法主要有滴定法和紫外-可见分光光度法。下面主要依据《水质 高锰酸盐指数的测定》(GB 11892—1989),采用滴定法测定高锰酸盐指数。

一、实验目的

1. 理解高锰酸盐指数的定义。
2. 掌握高锰酸盐指数的测定方法。

二、方法原理

在一定条件下,用(　　)氧化水样中的某些(　　)及(　　)时,由消耗的(　　)计算出耗氧量,称之为高锰酸盐指数。

任务 1:根据上述高锰酸盐指数测定的原理,将上述文字填写完整。

三、实验仪器与试剂

1. 硫酸,1+3 溶液:在不断搅拌下,将 100 mL 浓硫酸慢慢加入 300 mL 水中。趁热加入数滴 0.1 mol/L 高锰酸钾溶液直至溶液出现粉红色。
2. 氢氧化钠,500 g/L 溶液:称取 50 g 氢氧化钠溶于水并稀释至 100 mL。
3. 草酸钠标准贮备液,$C(1/2Na_2C_2O_4)$ 为 0.100 0 mol/L:称取 0.670 5 g 经 120 ℃ 烘干 2 h 并放冷的草酸钠溶解水中,移入 100 mL 容量瓶中,用水稀释至标线,混匀,置 4 ℃ 保存。

草酸钠标准溶液，$C_1(1/2Na_2C_2O_4)$ 为 0.010 0 mol/L：吸取 10.00 mL 草酸钠贮备液于 100 mL 容量瓶中，用水稀释至标线，混匀。

4. 高锰酸钾标准备液，$C_2(1/5KMnO_4)$ 约为 0.1 mol/L：称取 3.2 g 高锰酸钾溶解于水并稀释至 1 000 mL。于 90～95 ℃ 水浴中加热此溶液两小时，冷却。存放两天后，倾出清液，贮于棕色瓶中。

高锰酸钾标准溶液，$C_3(1/5KMnO_4)$ 约为 0.01 mol/L：吸取 100 mL 高锰酸钾标准贮备液于 1 000 mL 容量瓶中，用水稀释至标线，混匀。

任务 2：高锰酸钾标准溶液在暗处可保存几个月，使用当天标定其浓度。

思考、讨论和回答 1：为何在使用当天标定浓度？

5. 实验用水

任务 3：在高锰酸盐指数测定过程中，实验用水需要选用（　　）。

A. 蒸馏水　　　　　　B. 去离子水　　　C. 不含还原性物质的水

如何制备不含还原物质的水？

将 1 L 蒸馏水置于全玻璃蒸馏器中，加入 10 mL(1+3)硫酸溶液和少量 0.1 mol/L 高锰酸钾溶液，蒸馏。弃去 100 mL 初馏液，余下馏出液贮于具玻璃塞的细口瓶中。

6. 仪器设备

水浴或相当的加热装置、酸式滴定管 25 mL。

思考、讨论和回答 2：新的玻璃器皿为什么必须用酸性高锰酸钾溶液清洗干净？

四、实验步骤

1. 样品的保存

采样后要加入 1+3 硫酸溶液，使样品 pH 为 1～2 并尽快分析。如保存时间超过 6 h，则需置暗处，0～5 ℃ 下保存，不得超过 2 天。

2. 水样的测定

吸取 100.0 mL 经充分摇动、混合均匀的样品（或分取适量，用水稀释至 100 mL），置于 250 mL 锥形瓶中，加入 5±0.5 mL 1+3 硫酸溶液，用滴定管加入 10.00 mL 高锰酸钾标准溶液，摇匀。将锥形瓶置于沸水浴内 30±2 min（水浴沸腾，开始计时）。

取出后用滴定管加入 10.00 mL 草酸钠标准溶液至溶液变为无色。趁热用高锰酸钾标准溶液滴定至刚出现粉红色，并保持 30 s 不退。记录消耗的高锰酸钾溶液体积(V_1)。

空白试验：用 100 mL 水代替样品，按上述测定方法步骤，记录下回滴的高锰酸钾标准溶液体积(V_0)。

3. 高锰酸钾标准溶液的标定

向空白试验滴定后的溶液中加入 10.00 mL 草酸钠标准溶液。如果需要，将溶液加热至 80 ℃。用高锰酸钾标准溶液继续滴定至刚出现粉红色，并保持 30 s 不退。记录下消耗的高锰酸钾标准溶液体积(V_2)。

注：①沸水浴的水面要高于锥形瓶内的液面。

②滴定时温度如低于 60 ℃，反应速度缓慢，因此应加热至 80 ℃左右。
③沸水浴温度为 98 ℃。如在高原地区，报出数据时，需注明水的沸点。

思考、讨论和回答 3：加热时，如果溶液红色褪去，说明什么问题？应该怎么操作？

五、数据记录与处理

高锰酸盐指数（I_{Mn}）以每升样品消耗的毫克氧数来表示（O_2，mg/L），按式（3-1）计算。

$$I_{Mn} = \frac{\left[(10+V_1)\frac{10}{V_2}-10\right] \times c \times 8 \times 1\,000}{100} \tag{3-1}$$

式中：c——草酸钠标准溶液（$1/2Na_2C_2O_4$）浓度，0.010 0 mol/L；
  8——氧（$1/2O$）的摩尔质量，g/mol；
  100——水样体积，mL。

如样品经稀释后测定，按式（3-2）计算。

$$I_{Mn} = \frac{\left\{\left[(10+V_1)\frac{10}{V_2}-10\right]-\left[(10+V_0)\frac{10}{V_2}-10\right] \times f\right\} \times c \times 8 \times 1\,000}{V} \tag{3-2}$$

式中：V——分取水样体积 [$V=100\times(1-f)$]，mL；
  f——稀释样品时，蒸馏水在 100 mL 测定用体积内所占比例（例如：10 mL 样品用水稀释至 100 mL，则 $f=\frac{100-10}{100}=0.90$）。

其他样同水样不经稀释的计算式。

实验过程中，将测得数据如实填入表 3-7 中。

表 3-7　实验数据记录

样品测定	平行样 1	平行样 2	平行样 3
V_1(mL)			
V_2(mL)			
V_0(mL)			
f（稀释样品时，蒸馏水在 100 mL 测定用体积内所占比例）			
高锰酸盐指数（I_{Mn}）			

思考、讨论和回答 4：为什么不直接用草酸钠滴定未反应的高锰酸钾来计算高锰酸盐指数？

六、注意事项

当样品中氯离子浓度高于 300 mg/L 时,则采用在碱性介质中,用高锰酸钾氧化样品中的某些有机物及无机还原性物质。吸取 100.0 mL 样品(或适量,用水稀释至 100 mL),置于 250 mL 锥形瓶中,加入 0.5 mL 氢氧化钠溶液(500 g/L),摇匀。用滴定管加入 10.00 mL 高锰酸钾溶液,将锥形瓶置于沸水浴中 30±2 min(水浴沸腾,开始计时)。取出后,加入 10±0.5 mL(1+3)硫酸,摇匀。以下步骤同酸性法。

拓展阅读:高锰酸盐指数测定方法的发展现状

1. 快速加热法

高锰酸盐指数测定的标准方法中,2/3 的时间消耗在加热消解部分。为了缩短分析测定时间,研究者把目光投向了加热快速的直热、微波和化学需氧量测定中的密封消解装置。直火加热法又称节能加热法,其原理为回流加热,既可减少水样挥发损失量,又能达到省时省电的功效。节能加热法首先应用于化学需氧量的测定,且已作为成熟的测定方法被列入《水和废水监测分析方法》中。微波消解法的原理是采用频率为 2 450 MHz 的电磁波能量来加热反应液,在微波能量的作用下加快分子运动速度,从而缩短消解时间,消解后与标准高锰酸盐指数法步骤相同,计算出高锰酸盐指数。该方法的最大特点就是缩短回流时间,提高分析速度,同时此方法试剂用量少,降低了试剂费用和对环境的污染。

2. 分光光度法

水样在酸性条件下,高锰酸钾将水中的某些有机物及还原性的物质氧化,剩余的高锰酸钾,在波长 525 nm 处用分光光度法进行测定,根据溶液中高锰酸钾的含量可计算出高锰酸钾指数。主要有传统分光光度法和流动注射分光光度法两种。

实验 6　五日生化需氧量(BOD_5)的测定

生化需氧量是指在规定的条件下,微生物分解水中的某些可氧化的物质,特别是分解有机物的生物化学过程消耗的溶解氧。通常情况下是指水样充满完全密闭的溶解氧瓶中,在(20±1) ℃的暗处培养 5 d±4 h 或 (2+5)d±4 h[先在 0~4 ℃的暗处培养 2 d,接着在(20±1) ℃的暗处培养 5 d,即培养(2+5)d],分别测定培养前后水样中溶解氧的质量浓度,由培养前后溶解氧的质量浓度之差,计算每升样品消耗的溶解氧量,以 BOD_5 形式表示。

五日生化需氧量(BOD_5)是水质监测的一个重要参数,对于某些地面水及大多数工业废水、生活污水,因含较多的有机物,需要稀释后再培养测定,以降低其浓度,保证降解过程在有足够溶解氧的条件下进行。其具体水样稀释倍数可借助于高锰酸钾指数或化学需氧量(COD_{Cr})推算。对于不含或少含微生物的工业废水,在测定 BOD_5 时应进行接种,以引入能分解废水中有机物的微生物。当废水中存在难以被一般生活污水中的微生物以正常速度降解的有机物或含有剧毒物质时,应接种经过驯化的微生物。

下面主要依据《水质 五日生化需氧量(BOD₅)的测定 稀释与接种法》(HJ 505—2009),采用稀释与接种法测定 BOD₅。

一、实验目的

1. 了解 BOD₅ 测定的意义及稀释法测定 BOD₅ 的基本原理。
2. 掌握本方法的操作技术。

二、方法原理

生化需氧量是指在(　　)条件下,微生物分解有机物质的(　　)过程中所需要的(　　)。分别测定水样培养前溶解氧含量和在(　　)℃培养5天后的溶解氧含量,二者之差即为五日生化过程所消耗的氧量(BOD₅)。

任务1:根据上述五日生化需氧量(BOD₅)测定的原理,将上述文字填写完整。

三、实验仪器与试剂

1. 磷酸盐缓冲溶液:将 8.5 g 磷酸二氢钾(KH_2PO_4)、21.8 g 磷酸氢二钾(K_2HPO_4)、33.4 g 七水合磷酸氢二钠($Na_2HPO_4 \cdot 7H_2O$)和 1.7 g 氯化铵(NH_4Cl)溶于水中,稀释至 1 000 mL。此溶液的 pH 应为 7.2。

2. 硫酸镁溶液:将 22.5 g 七水合硫酸镁($MgSO_4 \cdot 7H_2O$)溶于水中,稀释至 1 000 mL。

3. 氯化钙溶液:将 27.6 g 无水氯化钙溶于水中,稀释至 1 000 mL。

4. 氯化铁溶液:将 0.25 g 氯化铁($FeCl_3 \cdot 6H_2O$)溶于水中,稀释至 1 000 mL。

5. 盐酸溶液(0.5 mol/L):将 40 mL($\rho = 1.18$ g/mL)浓盐酸溶于水中,稀释至 100 mL。

6. 氢氧化钠溶液(0.5 mol/L):将 20 g 氢氧化钠溶于水中,稀释至 1 000 mL。

7. 亚硫酸钠溶液($1/2Na_2SO_3 = 0.025$ mol/L):将 1.575 g 亚硫酸钠溶于水中,稀释至 1 000 mL。此溶液不稳定,需现用现配。

8. 葡萄糖-谷氨酸标准溶液:将葡萄糖($C_6H_{12}O_6$)和谷氨酸(HOOC—CH_2—CH_2—$CHNH_2$—COOH)在 130 ℃干燥 1 h 后,各称取 150 mg 溶于水中,移入 1 000 mL 容量瓶内并稀释至标线,混合均匀。此标准溶液临用前配制。

9. 稀释水:在 5~20 L 玻璃瓶内装入一定量的水,控制水温在 20 ℃左右。然后用无油空气压缩机或薄膜泵,将此水曝气 2~8 h,使水中的溶解氧接近于饱和,也可以鼓入适量纯氧。瓶口盖以两层经洗涤晾干的纱布,置于 20 ℃培养箱中放置数小时,使水中溶解氧含量达 8 mg/L 左右。临用前于每升水中加入氯化钙溶液、氯化铁溶液、硫酸镁溶液、磷酸盐缓冲溶液各 1 mL,并混合均匀。稀释水的 pH 应为 7.2,其 BOD_5 应小于 0.2 mg/L。

10. 接种液:可选用以下任一方法,以获得适用的接种液。

11. 城市污水,一般采用生活污水,在室温下放置一昼夜,取上层清液供用。

12. 表层土壤浸出液,取 100 g 花园土壤或植物生长土壤,加入 1 L 水,混合并静置 10 min,取上清液供用。

13. 用含城市污水的河水或湖水。

14. 污水处理厂的出水。

15. 当分析含有难于降解物质的废水时,在排污口下游 3~8 km 处取水样作为废水的驯化接种液。如无此种水源,可取中和或经适当稀释后的废水进行连续曝气,每天加入少量该种废水,同时加入适量表层土壤或生活污水,使能适应该种废水的微生物大量繁殖。当水中出现大量絮状物,或检查其化学需氧量的降低值出现突变时,表明适用的微生物已进行繁殖,可用作接种液。一般驯化过程需要 3~8 d。

16. 接种稀释水:取适量接种液,加于稀释水中,混匀。每升稀释水中接种液加入量为,生活污水 1~10 mL;表层土壤浸出液 20~30 mL;河水、湖水 10~100 mL。接种稀释水的 pH 应为 7.2,BOD_5 值以在 0.3~1.0 mg/L 之间为宜。接种稀释水配制后应立即使用。

任务 2:用稀释与接种法测定水中 BOD_5 时,为保证微生物生长需要,稀释水中应加入一定量的(　　)和(　　),并使其中的溶解氧近饱和。

17. 实验用水

任务 3:在五日生化需氧量测定过程中,对实验用水有什么要求?

18. 仪器设备

带风扇的恒温培养箱、孔径为 1.6 μm 的滤膜、250~300 mL 的溶解氧瓶、供分取水样或添加稀释水的虹吸管、曝气装置。

思考、讨论和回答 1:孔径为 1.6 μm 的滤膜的作用?

四、实验步骤

1. 水样的采集与保存

样品采集按照 HJ 91.2—2022 的相关规定执行。采集的样品应充满并密封于棕色玻璃瓶中,样品量不小于 1 000 mL,在 0~4 ℃的暗处运输和保存,并于 24 h 内尽快分析。24 h 内不能分析,可冷冻保存(冷冻保存时避免样品瓶破裂),冷冻样品分析前需解冻、均质化和接种。

2. 样品的前处理

若样品或稀释后样品 pH 不在 6~8 范围内,应用盐酸溶液或氢氧化钠溶液调节其 pH 至 6~8。

若样品中含有少量余氯,一般在采样后放置1~2 h,游离氯即可消失。对在短时间内不能消失的余氯,可加入适量亚硫酸钠溶液去除样品中存在的余氯和结合氯,加入的亚硫酸钠溶液的量由下述方法确定。取已中和好的水样100 mL,加入乙酸溶液10 mL、碘化钾溶液1 mL,混匀,暗处静置5 min。用亚硫酸钠溶液滴定析出的碘至淡黄色,加入1 mL淀粉溶液呈蓝色。再继续滴定至蓝色刚刚褪去,即为终点,记录所用亚硫酸钠溶液体积,由亚硫酸钠溶液消耗的体积,计算出水样中应加亚硫酸钠溶液的体积。

若含有大量颗粒物、需要较大稀释倍数的样品或经冷冻保存的样品,测定前均需将样品搅拌均匀。

若样品中有大量藻类存在,BOD_5的测定结果会偏高。当分析结果精度要求较高时,测定前应用滤孔为1.6 μm 的滤膜过滤,检测报告中注明滤膜滤孔的大小。

若样品含盐量低,非稀释样品的电导率小于125 μS/cm 时,需加入适量相同体积的四种盐溶液,使样品的电导率大于125 μS/cm。每升样品中至少需加入各种盐的体积V按下式计算:

$$V = (\Delta K - 12.8)/113.6$$

式中:V——需加入各种盐的体积,mL;

ΔK——样品需要提高的电导率值,μS/cm。

3. 水样的测定

(1) 非稀释法

非稀释法分为两种情况:非稀释法和非稀释接种法。如样品中的有机物含量较少,BOD_5的质量浓度不大于6 mg/L,且样品中有足够的微生物,用非稀释法测定。若样品中的有机物含量较少,BOD_5的质量浓度不大于6 mg/L,但样品中无足够的微生物,如酸性废水、碱性废水、高温废水、冷冻保存的废水或经过氯化处理等的废水,采用非稀释接种法测定。

①试样的准备

待测试样:测定前待测试样的温度达到(20±2) ℃,若样品中溶解氧浓度低,需要用曝气装置曝气15 min,充分振摇赶走样品中残留的空气泡;若样品中氧过饱和,将容器2/3体积充满样品,用力振荡赶出过饱和氧,然后根据试样中微生物含量情况确定测定方法。非稀释法可直接取样测定;非稀释接种法,每升试样中加入适量的接种液,待测定。若试样中含有硝化细菌,有可能发生硝化反应,需在每升试样中加入2 mL丙烯基硫脲硝化抑制剂。

空白试样:非稀释接种法,每升稀释水中加入与试样中相同量的接种液作为空白试样,需要时每升试样中加入2 mL丙烯基硫脲硝化抑制剂。

②试样的测定

碘量法测定试样中的溶解氧:将试样充满两个溶解氧瓶中,使试样少量溢出,防止试样中的溶解氧质量浓度改变,使瓶中存在的气泡靠瓶壁排出。将其中一瓶盖上瓶盖,加上水封,在瓶盖外罩上一个密封罩,防止培养期间水封水蒸发干,在恒温培养箱中培养

5 d±4 h 或(2+5)d±4 h 后测定试样中溶解氧的质量浓度。另一瓶 15 min 后测定试样在培养前溶解氧的质量浓度。溶解氧的测定按 GB/T 7489—1987 相关标准进行操作。

电化学探头法测定试样中的溶解氧：将试样充满一个溶解氧瓶中，使试样少量溢出，防止试样中的溶解氧质量浓度改变，使瓶中存在的气泡靠瓶壁排出。测定培养前试样中的溶解氧的质量浓度。盖上瓶盖，防止样品中残留气泡，加上水封，在瓶盖外罩上一个密封罩，防止培养期间水封水蒸发干。将试样瓶放入恒温培养箱中培养 5 d±4 h 或(2+5)d±4 h。测定培养后试样中溶解氧的质量浓度。溶解氧的测定按 GB/T 11913—1989 相关标准进行操作。

空白试样的测定方法分别同以上两种方法。

③结果计算

非稀释法：

按下式计算样品 BOD$_5$ 的测定结果：

$$\rho = \rho_1 - \rho_2$$

式中：ρ——五日生化需氧量质量浓度，mg/L；

ρ_1——水样在培养前的溶解氧质量浓度，mg/L；

ρ_2——水样在培养后的溶解氧质量浓度，mg/L。

非稀释接种法：

按下式计算样品 BOD$_5$ 的测定结果：

$$\rho = (\rho_1 - \rho_2) - (\rho_3 - \rho_4)$$

式中：ρ——五日生化需氧量质量浓度，mg/L；

ρ_1——接种水样在培养前的溶解氧质量浓度，mg/L；

ρ_2——接种水样在培养后的溶解氧质量浓度，mg/L；

ρ_3——空白样在培养前的溶解氧质量浓度，mg/L；

ρ_4——空白样在培养后的溶解氧质量浓度，mg/L。

(2) 稀释与接种法

稀释与接种法分为两种情况：稀释法和稀释接种法。若试样中的有机物含量较多，BOD$_5$ 的质量浓度大于 6 mg/L，且样品中有足够的微生物，采用稀释法测定；若试样中的有机物含量较多，BOD$_5$ 的质量浓度大于 6 mg/L，但试样中无足够的微生物，采用稀释接种法测定。

①试样的准备

待测试样：待测试样的温度达到(20±2) ℃，若试样中溶解氧浓度低，需要用曝气装置曝气 15 min，充分振摇赶走样品中残留的气泡；若样品中氧过饱和，将容器的 2/3 体积充满样品，用力振荡赶出过饱和氧，然后根据试样中微生物含量情况确定测定方法。稀释法测定，稀释倍数按表 3-8 和表 3-9 方法确定，然后用稀释水稀释。稀释接种法测定，用接种稀释水稀释样品。若样品中含有硝化细菌，有可能发生硝化反应，需在每升试样培养液中加入 2 mL 丙烯基硫脲硝化抑制剂。

表 3-8　典型的比值 R

水样的类型	总有机碳 R (BOD₅/TOC)	高锰酸盐指数 R (BOD₅/I_{Mn})	化学需氧量 R (BOD₅/CODcr)
未处理的废水	1.2~2.8	1.2~1.5	0.35~0.65
生化处理的废水	0.3~1.0	0.5~1.2	0.20~0.35

在表 3-8 中选择适当的 R 值，按下式计算 BOD₅ 的期望值：

$$\rho = R \cdot Y$$

式中：ρ——五日生化需氧量浓度的期望值，mg/L；

Y——总有机碳(TOC)、高锰酸盐指数(I_{Mn})或化学需氧量(CODcr)的值，mg/L。由估算出的 BOD₅ 期望值，按表 3-9 确定样品的稀释倍数。

表 3-9　BOD₅ 测定的稀释倍数

BOD₅ 的期望值/(mg/L)	稀释倍数	水样类型
6~12	2	河水，生物净化的城市污水
10~30	5	河水，生物净化的城市污水
20~60	10	生物净化的城市污水
40~120	20	澄清的城市污水或轻度污染的工业废水
100~300	50	轻度污染的工业废水或原城市污水
200~600	100	轻度污染的工业废水或原城市污水
400~1 200	200	重度污染的工业废水或原城市污水
1 000~3 000	500	重度污染的工业废水
2 000~6 000	1 000	重度污染的工业废水

按照确定的稀释倍数，将一定体积的试样或处理后的试样用虹吸管加入已加部分稀释水或接种稀释水的稀释容器中，加稀释水或接种稀释水至刻度，轻轻混合避免残留气泡，待测定。若稀释倍数超过 100 倍，可进行两步或多步稀释。若试样中有微生物毒性物质，应配制几个不同稀释倍数的试样，选择与稀释倍数无关的结果，并取其平均值。试样测定结果与稀释倍数的关系确定如下：当分析结果精度要求较高或存在微生物毒性物质时，一个试样要做两个以上不同的稀释倍数，每个试样每个稀释倍数做平行双样同时进行培养。测定培养过程中每瓶试样氧的消耗量，并画出氧消耗量对每一稀释倍数试样中原样品的体积曲线。若此曲线呈线性，则此试样中不含有任何抑制微生物的物质，即样品的测定结果与稀释倍数无关；若曲线仅在低浓度范围内呈线性，取线性范围内稀释比的试样测定结果计算平均 BOD₅ 值。

空白试样：稀释法测定，空白试样为稀释水，需要时每升稀释水中加入 2 mL 丙烯基硫脲硝化抑制剂。稀释接种法测定，空白试样为接种稀释水，必要时每升接种稀释水中加入 2 mL 丙烯基硫脲硝化抑制剂。

思考、讨论和回答 2：稀释与接种法测定水中 BOD₅ 中，样品放在培养箱中培养时，一般应注意哪些问题?

②试样的测定

试样和空白试样的测定方法同非稀释法。

③结果计算

稀释法与稀释接种法按下式计算样品 BOD_5 的测定结果：

$$\rho = \frac{(\rho_1 - \rho_2) - (\rho_3 - \rho_4)f_1}{f_2}$$

式中：ρ——五日生化需氧量质量浓度，mg/L；

ρ_1——接种稀释水样在培养前的溶解氧质量浓度，mg/L；

ρ_2——接种稀释水样在培养后的溶解氧质量浓度，mg/L；

ρ_3——空白样在培养前的溶解氧质量浓度，mg/L；

ρ_4——空白样在培养后的溶解氧质量浓度，mg/L；

f_1——接种稀释水或稀释水在培养液中所占的比例；

f_2——原样品在培养液中所占的比例。

BOD_5 测定结果以氧的质量浓度(mg/L)报出。对稀释与接种法，如果有几个稀释倍数的结果满足要求，结果取这些稀释倍数结果的平均值。结果小于 100 mg/L，保留一位小数；100～1 000 mg/L，取整数位；大于 1 000 mg/L 以科学计数法报出。结果报告中应注明：样品是否经过过滤、冷冻或均质化处理。

思考、讨论和回答 3：稀释与接种法对某一水样进行 BOD_5 测定时，水样经 5 d 培养后，测其溶解氧，当向水样中加入 1 mL 硫酸锰和 2 mL 碱性碘化钾溶液时，出现白色絮状沉淀。这说明什么？

五、注意事项

1. 每一批样品做两个分析空白试样，稀释法空白试样的测定结果不能超过 0.5 mg/L，非稀释接种法和稀释接种法空白试样的测定结果不能超过 1.5 mg/L，否则应检查可能的污染来源。

2. 每一批样品要求做一个标准样品，样品的配制方法如下：取 20 mL 葡萄糖-谷氨酸标准溶液于稀释容器中，用接种稀释水稀释至 1 000 mL，测定 BOD_5，结果应在 180～230 mg/L 范围内，否则应检查接种液、稀释水的质量。

3. 每一批样品至少做一组平行样，计算相对百分偏差 RP。当 BOD_5 小于 3 mg/L 时，RP 值应≤±15%；当 BOD_5 为 3～100 mg/L 时，RP 值应≤±20%；当 BOD_5 大于 100 mg/L 时，RP 值应≤±25%。计算公式如下：

$$RP = \frac{\rho_1 - \rho_2}{\rho_1 + \rho_2} \times 100\%$$

式中：RP——相对百分偏差，%；

ρ_1——第一个样品 BOD_5 的质量浓度，mg/L；

ρ_2——第二个样品 BOD_5 的质量浓度，mg/L。

4. 非稀释法实验室间的重现性标准偏差为 0.10～0.22 mg/L，再现性标准偏差为 0.26～0.85 mg/L。稀释法和稀释接种法的对比测定结果重现性标准偏差为 11 mg/L，再现性标准偏差为 3.7～22 mg/L。

拓展阅读：水质 BOD_5 的快速测定方法

测定 BOD_5 的国标方法为稀释与接种法，此法测定结果准确度较高，但操作繁琐，耗时长，试剂消耗量大。

微生物传感器快速测定法，该法的原理是当含有饱和溶解氧的样品进入流通池中与微生物传感器接触，样品中溶解性可生化降解的有机物受到微生物菌膜中菌种的作用，而消耗一定量的氧，使扩散到氧电极表面上氧的质量减少。当样品中可生化降解的有机物向菌膜扩散速度（质量）达到恒定时，此时扩散到氧电极表面上氧的质量也达到恒定，因此产生一个恒定电流。由于恒定电流的差值与氧的减少量存在定量关系，据此可换算出样品中生化需氧量。

实验 7　水中氨氮的测定

水体中的氮主要来自生物体的代谢和腐败以及工业废水、生活污水的排放、氮肥的流失等。水体中有过量氮会造成富营养化，使水质恶化，影响水生生物的生长与繁殖。最严重的影响当属富养水（所含氮养分过多）导致的水体藻类大量繁殖，消耗了水中大部分的氧气，使水生动物因缺氧而无法生存，以至于该水域成为"死水"。

在水质监测中，氨氮是反映水质的一项重要指标，氨氮主要以氨离子或游离氨等形式存在，其能够和纳氏试剂发生反应，生成黄棕色的混合物，且混合物色度和氨氮含量成正比，可以采取分光光度法进行测定。下面主要依据《水质　氨氮的测定　纳氏试剂分光光度法》（HJ 535—2009），采用纳氏试剂分光光度法测定氨氮。

一、实验目的

1. 了解含氮化合物的测定方法；
2. 掌握纳氏比色法测量氨氮的基本原理、操作技术。

二、方法原理

以（　　　）等形式存在的氨氮与（　　　）反应生成淡红棕色络合物，该络合物的吸光度与氨氮含量成正比，于波长（　　　）nm 处测量吸光度。当水样体积为 50 mL，使用 20 nm 比色皿时,本方法的检出限为(　　)mg/L,测定下限为 0.10 mg/L,测定上限为 2.0 mg/L(均以 N 计)。

任务 1:根据上述氨氮测定的原理,将上述文字填写完整。

三、实验仪器与试剂

1. 1 mol/L HCl 溶液
2. 1 mol/L NaOH 溶液
3. 轻质氧化镁(MgO):将氧化镁在 500 ℃下加热,以除去碳酸盐
4. 0.05%溴百里酚蓝指示液(pH 6.0～7.6)
5. 防沫剂:如石蜡碎片
6. 吸收液:①硼酸溶液:称取 20 g 硼酸溶于水,稀释到 1 L;②0.01 mol/L H_2SO_4 溶液。
7. 纳氏试剂,可选下列任一种方法制备:

①称取 20 g KI 溶于约 25 mL 水中,边搅拌边分次少量加入 $HgCl_2$ 结晶粉末(约 10 g),至出现朱红色沉淀不易溶解时,改为滴加饱和 $HgCl_2$ 溶液,并充分搅拌,当出现微量朱红色沉淀不再溶解时,停止滴加 $HgCl_2$ 溶液。另称取 60 g KOH 溶于水,并稀释至 250 mL,冷却至室温后,将上述溶液徐徐注入混合溶液中,用水稀释至 400 mL,混匀。静置过夜,将上清液移入聚乙烯瓶中,密塞保存。

注意:二氯化汞($HgCl_2$)和碘化汞(HgI_2)为剧毒物质,避免与皮肤和口腔接触。

②称取 16 g NaOH,溶于 50 mL 水中,充分冷却至室温。另称取 7 g KI 和 10 g HgI_2 溶于水,然后将此溶液在搅拌下徐徐注入 NaOH 溶液中。用水稀释至 100 mL,贮于聚乙烯瓶中,密塞保存。

8. 酒石酸钾钠溶液:称取 50 g 酒石酸钾钠($KNaC_4H_4O_6·4H_2O$)溶于 100 mL 水中,加热煮沸以除去氨,放冷。定容至 100 mL。

思考、讨论和回答 1:酒石酸钾钠溶液中如果铵盐含量较高时,应如何配制?

9. 铵标准贮备溶液:称取 3.819 g 经 100 ℃干燥的 NH_4Cl 溶于水中,移入 1 000 mL 容量瓶中,稀释至标线。此溶液每毫升含 1.00 mg 氨氮。
10. 铵标准使用溶液:移取 5.00 mL 铵标准贮备液于 500 mL 容量中,用水稀释至标线。此溶液每毫升含 0.010 mg 氨氮。
11. 实验用水

任务 2:配制所有的试液均需使用(　　),简述该用水的配制方法。

12. 仪器设备

定氮蒸馏装置:500 mL 凯氏烧瓶、氮球、直形冷凝管、导管;可见分光光度计。

四、实验步骤

1. 样品的采集与保存

水样采集在聚乙烯瓶或玻璃瓶内,要尽快分析。如需保存,应加硫酸使水样酸化至 pH<2,2~5 ℃下可保存 7 d。

2. 水样预处理

取 250 mL 水样(如氨氮含量较高,可取适量并加水至 250 mL,使氨氮含量不超过 2.5 mg/L),移入凯氏烧瓶中,加数滴溴百里酚蓝指示液,用 NaOH 溶液或 HCl 溶液调节至 pH=7 左右。加入 0.25 g 轻质氧化镁和数粒玻璃珠,立即连接氮球和冷凝管,导管下端插入吸收液面下。加热蒸馏,至馏出液达 200 mL 时,停止蒸馏。定容至 250 mL。

任务 3:水样中存在余氯,可以加入适量的(　　　　)去除,用(　　　　)检验余氯是否除尽。在显色时加入适量的酒石酸钾钠溶液,可消除钙镁等金属离子的干扰。若水样浑浊或有颜色时可用预蒸馏法或絮凝沉淀法处理。

3. 标准曲线的绘制

吸取 0.00 mL、0.50 mL、1.00 mL、3.00 mL、5.00 mL、7.00 mL 和 10.00 mL 铵标准使用液于 50 mL 比色管中,加水至标线,加 1.0 mL 酒石酸钾钠溶液,混匀。加 1.5 mL 纳氏试剂,混匀。放置 10 min 后,在波长 420 nm 处,用光程 20 mm 比色皿,以水为参比,测定吸光度。

由测得的吸光度,减去零浓度空白管的吸光度后,得到校正吸光度,绘制以氨氮含量(mg)对校正吸光度的标准曲线。

4. 水样的测定

分取适量经蒸馏预处理后的馏出液,加入 50 mL 比色管中,加一定量 1 mol/L NaOH 溶液以中和硼酸,稀释至标线。加 1.5 mL 纳氏试剂,混匀。放置 10 min 后,步骤同标准曲线测量吸光度。

思考、讨论和回答 2:有悬浮物或色度干扰的水样,如何处理?

5. 空白试验

以无氨水代替水样,做全程序空白测定。

五、数据记录与处理

水中氨氮的质量浓度按下式计算:

$$氨氮(N, mg/L) = \frac{m}{V} \times 1\,000$$

式中:m——由标准曲线计算得到氨氮量,mg;
　　　V——水样体积,mL。

实验过程中,将测得数据如实填入表3-10、表3-11中。

表 3-10　实验数据记录(标准曲线绘制)

溶液号	吸取标准溶液体积(mL)	浓度(mg/L)或质量(mg)	A	A 校正
0				
1				
2				
3				
4				
5				

回归方程:

相关系数:

表 3-11　实验数据记录(水质样品的测定)

平行测定次数	1	2	3
吸光度(A)			
空白值(A_0)			
校正吸光度(A 校正)			
回归方程计算所得质量(g)			
样品氨氮的测定结果(mg/L)			
平均值(mg/L)			
极差/平均值(%)			

思考、讨论和回答 3:氨氮测定的影响因素有哪些?

六、注意事项

1. 试剂空白的吸光度应不超过 0.030(10 mm 比色皿)。

2. 纳氏试剂中 HgI_2 与 KI 的比例,对显色反应的灵敏度有较大影响。静置后生成的沉淀应除去。

3. 滤纸中常含痕量铵盐,使用时注意用无氨水洗涤。所用玻璃器皿应避免实验室空气中氨的沾污。

拓展阅读:含氮化合物的测定

目前为止,国标针对水质中氮分析主要分为总氮、氨氮、硝酸盐氮、亚硝酸盐氮、凯氏氮这 5 个方面与氮有关的水质指标。(1)总氮:水中各种形态无机和有机氮的总量。包括 NO_3^-、NO_2^- 和 NH_4^+ 等无机氮和蛋白质、氨基酸和有机胺等有机氮,以每升水含氮毫克数计算。常被用来表示水体受营养物质污染的程度。(2)凯氏氮:有机氮和氨氮是指以凯氏(Kjeldahl)法测得的含氮量。它包括了氨氮和在此条件下能被转化为铵盐而测定的有机氮化合物。测定凯氏氮或有机氮,主要是为了了解水体受污染状况,尤其是在评价湖泊和水库的富营养化时,是一个有意义的指标。(3)氨氮:氨氮是指水中以游离氨(NH_3)和铵离子(NH_4^+)形式存在的氮,组成取决于溶液的pH。(4)亚硝酸盐氮:指亚硝酸盐中所含的氮元素。(5)硝酸盐氮:指硝酸盐中所含的氮元素,硝酸盐氮是含氮有机物氧化分解的最终产物。

实验 8　水中总磷的测定

总磷是水体中磷元素的总含量,是水体富含有机质的指标之一。磷含量过多会引起水体富营养化,藻类过度生长,发生水华或赤潮。总磷作为水质检测的重要指标之一,测定方法一般有滴定法、分光光度法、快速检测包法三种。

下面主要依据《水质　总磷的测定　钼酸铵分光光度法》(GB 11893—1989),采用钼酸铵分光光度法测定总磷。

一、实验目的

1. 掌握用过硫酸钾消解法进行水样预处理。
2. 掌握用钼酸铵分光光度法测水中总磷。

二、方法原理

在中性条件下用(　　　)使试样消解,将所含磷全部转化为(　　　　)。在酸性介质中,正磷酸盐与(　　　)反应,在锑盐存在下生成磷钼杂多酸后,立即被抗坏血酸还原,生成蓝色的络合物。

任务1:根据上述总磷测定的原理,将上述文字填写完整。

三、实验仪器与试剂

1. 硫酸(H_2SO_4),密度为1.84 g/mL。
2. 硝酸(HNO_3),密度为1.4 g/mL。
3. 高氯酸($HClO_4$),优级纯,密度为1.68 g/mL。
4. 硫酸(H_2SO_4):1+1。
5. 硫酸,约$c(1/2H_2SO_4)=1$ mol/L:将27 mL硫酸加入937 mL水中。
6. 氢氧化钠(NaOH),1 mol/L溶液:将40 g氢氧化钠溶于水并稀释至1 000 mL。
7. 氢氧化钠(NaOH),6 mol/L溶液:将240 g氢氧化钠溶于水并稀释至1 000 mL。

8. 过硫酸钾,50 g/L 溶液:将 5 g 过硫酸钾溶于水并稀释至 100 mL。

9. 钼酸铵,26 g/L 溶液:称取 13 g 钼酸铵,精确至 0.1 g,溶于 100 mL 水中。称取 0.35 g 酒石酸锑钾,精确至 0.01 g,溶于 100 mL 水中。边搅拌边将钼酸铵溶液徐徐加入 300 mL 硫酸(1+1)溶液中,加酒石酸锑钾溶液,混匀冷却后用水稀释至 500 mL,混匀,存于棕色试剂瓶中(冷藏可保存两个月)。

10. 抗坏血酸溶液:100 g/L。称取 50 g 抗坏血酸,精确至 0.1 g。溶于蒸馏水中,用水稀释至 500 mL,贮于棕色试剂瓶中(冷藏可稳定几周,如不变色可长时间使用)。

思考、讨论和回答 1:钼酸铵溶液、抗坏血酸溶液的存放条件?

11. 磷标准贮备溶液:1 mg/mL。溶解磷酸二氢钾(使用前在 105 ℃下干燥 2 h)1.096 7 g 于蒸馏水中,移入 250 mL 容量瓶中,稀释至刻度,摇匀。

12. 磷标准工作溶液:10 μg/mL。吸取 5 mL 磷标准储备溶液于 500 mL 容量瓶中,以蒸馏水稀释至刻度,摇匀。

13. 仪器设备

医用手提式蒸汽消毒器或一般压力锅(1.1~1.4kg/cm^2)、50 mL 具塞(磨口)刻度管、分光光度计。

任务 2:实验中使用的玻璃器皿怎么清洗?

四、实验步骤

1. 水样采集与保存

采集水样后,加硫酸酸化至 pH<1,常温下保存。使用前用氢氧化钾调至中性。

2. 水样及标样预处理

取 6 支 50 mL 具塞比色管,编号后依次加入磷酸盐标液、蒸馏水、过硫酸钾,盖塞后管口用纱布包紧,高压蒸汽消毒器中 121 ℃条件消解 30 min。锅内压力达 0.11 MPa 或蒸汽相对温度为 121 ℃开始计时,30 min 后停止加热,待压力指针降至零后,取出放冷。

思考、讨论和回答 1:测定总磷为什么要消解?

思考、讨论和回答 2:对于总磷较大的水样(如榨油厂污水),如何进行消解?

3. 发色

分别向各份消解液中加入 1 mL 抗坏血酸溶液、2 mL 钼酸铵溶液,用蒸馏水稀释至 50 mL,充分混合均匀。

4. 分光光度测量

室温下放置 15 min 后,使用光程为 30 mm 的比色皿,在 700 nm 波长下,以水做参比,测定吸光度。扣除空白试验的吸光度后,从工作曲线上查得磷的含量。

任务 3:若室温太低会不会影响显色反应? 该如何处理?

5. 工作曲线的绘制

取 7 支具塞比色管分别加入 0.0 mL、0.50 mL、1.00 mL、3.00 mL、5.00 mL、10.0 mL、15.0 mL 磷酸盐标准溶液。加水至 25 mL。然后按上述测定步骤进行处理。

以水做参比,测定吸光度。扣除空白试验的吸光度后,按对应的磷的含量绘制工作曲线。

五、数据记录与处理

总磷含量以 $C(mg/L)$ 表示,按下式计算:

$$C = \frac{m \times X}{V}$$

式中:m——试样测得含磷量,μg;
　　　X——样品稀释倍数;
　　　V——测定用试样体积,mL。

实验过程中,将测得数据如实填入表 3-12、表 3-13 中。

表 3-12　实验数据记录(标准曲线绘制)

溶液号	吸取标准溶液体积(mL)	浓度(mg/L)或质量(mg)	A	A 校正
0				
1				
2				
3				
4				
5				
6				
回归方程:				
相关系数:				

表 3-13　实验数据记录(水质样品的测定)

平行测定次数	1	2	3
吸光度(A)			
空白值(A_0)			
校正吸光度(A 校正)			
回归方程计算所得质量(g)			
样品总磷的测定结果(mg/L)			
平均值(mg/L)			
极差/平均值(%)			

六、注意事项

1. 如试样中浊度或色度影响测量吸光度时,需做补偿校正。
2. 比色皿用后应以稀硝酸或铬酸洗液浸泡片刻,以除去吸附的磷钼蓝显色物。

3. 测定吸光度时比色池上的水滴和指纹要用擦镜纸擦干净，以免影响测定结果。

拓展阅读：总磷消解方法

1. 硝酸-高氯酸消解

取 25 mL 样品于锥形瓶中，加 5 mL 硝酸在电热板上加热浓缩至 10 mL。加入 3 mL 高氯酸，加热至高氯酸冒白烟，此时可在锥形瓶上加小漏斗或调节电热板温度，使消解液在瓶内壁保持回流状态，直至剩下 3~4 mL，放冷。加水 10 mL，加 1 滴酚酞指示剂，滴加氢氧化钠溶液至刚呈微红色，再滴加硫酸溶液使微红刚好褪去，充分混匀，移至具塞比色管中，用水稀释至标线。

2. 硫酸-硝酸消解

取样品 25 mL 于锥形瓶中，加入 2 mL(1+1)的硫酸和 5 mL 硝酸，加入数粒玻璃珠，放在电炉上加热至冒白烟。放冷后，加入 30 mL 蒸馏水，继续煮沸 5 min。放冷，加入 1 滴酚酞，用 6 mol/L 的氢氧化钠和 0.5 mol/L 的硫酸调 pH 至中性，充分混匀，移至具塞比色管中，用水稀释至标线。

实验 9　水中 Cu、Zn 含量的测定

水体中的金属元素有些是人体健康必需的常量和微量元素，有些却是有害于人体健康的，如汞、镉、铬、铅、铜、锌、镍、钡、钒、砷等。有害金属侵入人的肌体后，将会使某些酶失去活性从而使人出现不同程度的中毒症状。其毒性大小与金属种类、理化性质、浓度及存在的价态和形态有关。例如，汞、铅、镉、铬(Ⅵ)及其化合物是对人体健康产生长远影响的有害金属；汞、铅、砷、锡等金属的有机化合物比相应的无机化合物毒性要强得多；可溶性金属要比颗粒态金属毒性大；六价铬比三价铬毒性大等。

测定水中金属元素的方法有分光光度法、原子吸收分光光度法、电感耦合等离子体发射光谱法(ICP-OES)、电感耦合等离子体质谱法(ICP-MS)等。其中，原子吸收分光光度法具有灵敏度高、检出限低、精密度高、选择性好、抗干扰能力强、分析速度快等诸多优点而被广泛运用。

下面主要依据《水质　铜、锌、铅、镉的测定　原子吸收分光光度法》(GB 7475—1987)，测定水中铜、锌的含量。

一、实验目的

1. 了解测定金属污染物的意义；
2. 掌握原子吸收分光光度法测定的基本原理和方法；
3. 掌握原子吸收分光光度计的使用方法及测定条件的选择。

二、方法原理

将含待测元素的溶液通过原子化系统喷成(　　)，随载气进入火焰，并在火焰中解离成(　　)。当(　　)辐射出待测元素的特征波长光通过火焰时，因被火焰中待测元素的基态原子吸收而减弱。在一定实验条件下，特征波长光强的变化与火焰中待测元素基态原子的浓度有定量关系，从而与试样中待测元素的浓度(c)有定量关系。

任务 1：根据原子吸收分光光度法的原理，将上述文字填写完整。

三、实验仪器和试剂

1. 原子吸收分光光度计
2. 铜、锌空心阴极灯
3. 优级纯试剂：硝酸($\rho=1.42$ g/mL)，用于配制硝酸(1+499)；高氯酸($\rho=1.67$ g/mL)。
4. 硝酸($\rho=1.42$ g/mL)，分析纯，用于配制硝酸(1+1)。
5. 燃气：乙炔，纯度不低于 99.6%。
6. 助燃剂：空气，进入燃烧器以前要过滤，以除去其中的水、油和其他杂质。
7. 金属离子储备液：1.000 g/L 铜标准溶液；1.000 g/L 锌标准溶液。
8. 中间标准溶液：用(1+499)硝酸溶液稀释金属离子储备液配制，此溶液中铜、锌的浓度分别为 50.00 mg/L 和 10.00 mg/L。

任务 2：配制中间标准溶液 100 mL，分别需要铜、锌标准储备液(　　)mL 和(　　)mL。

9. 实验用水

任务 3：在本实验中，溶液配制和样液制备的实验用水需要选用(　　)。

A. 蒸馏水　　　　　　　　　　　　B. 去离子水
C. 煮沸并冷却的蒸馏水(24 h 内)　　D. 煮沸放置 24 h 以上的蒸馏水

四、实验步骤

1. 采样

按采样要求采取具有代表性的水样。容器先用洗涤剂洗净，再在(1+1)硝酸中浸泡，使用前用去离子水冲洗干净。

思考、讨论和回答 1：用什么材质的容器保存水样？为什么？

2. 样品处理

(1) 分析金属总量的样品，采集后立即加优级纯硝酸酸化至 pH 为 1~2，正常情况下，每 1 000 mL 样品加 2 mL 浓硝酸。测定溶解态金属时，样品采集后立即通过 0.45 μm 滤膜过滤，滤液用优级纯硝酸酸化至 pH 为 1~2(正常情况下 1 000 mL 样品加 2 mL

浓硝酸)。

(2) 清洁水样可不经预处理直接测定,污染的地面水和废水需用硝酸或硝酸-高氯酸消解,并过滤、定容后再测定。

消解方法:加入 5 mL 优级纯硝酸,在电热板上加热消解,确保样品不沸腾,蒸至 10 mL 左右,加入 5 mL 优级纯硝酸和 2 mL 高氯酸,继续消解,蒸至 1 mL 左右。如果消解不完全,再加入 5 mL 优级纯硝酸和 2 mL 高氯酸,再蒸到 1 mL 左右。取下冷却,加水溶解残渣,通过中速滤纸(预先用酸洗)滤入 100 mL 容量瓶中,用水稀释至标线。

思考、讨论和回答 2:水样消解的目的是什么?过滤时为何滤纸要预先用酸洗?

3. 工作标准溶液配制

参照表 3-14,在 100 mL 容量瓶中,用(1+499)硝酸溶液稀释中间标准溶液,每种元素至少配制 4 个工作标准溶液浓度,其浓度范围应包括被测元素的浓度。

表 3-14 工作标准溶液

中间标准溶液加入体积(mL)		0.50	1.00	3.00	5.00	10.0
工作标准溶液浓度(mg/L)	铜					
	锌					

任务 4:分别计算每一份铜、锌工作标准溶液的浓度,填入表 3-14 中。

4. 样品测定

(1) 测定条件选择与待测元素相应的空心阴极灯,按表 3-15 的工作条件将仪器调试到工作状态(调试操作按仪器说明书进行)。

表 3-15 仪器的工作条件

元素	特征谱线(nm)	非特征吸收谱线(nm)	火焰类型	测定浓度(mg/L)
铜	324.7	324(锆)	乙炔-空气,氧化型	0.05~5
锌	213.8	214(氘)	乙炔-空气,氧化型	0.05~1

(2) 标准曲线绘制:吸入(1+499)硝酸溶液,将仪器调零。按照由稀至浓的顺序依次吸入各工作标准溶液,测出相应吸光度并记录之。

用测得的吸光度与相对应的浓度绘制标准曲线。

(3) 空白试样取 100.0 mL(1+499)硝酸溶液代替样品,置于 200 mL 烧杯中,与试样进行相同处理后,在与相应元素工作标准溶液相同的条件下吸入空白试液,分别测出各元素的吸光度并记录之。

(4) 试样测定:在与相应元素工作标准溶液相同的条件下,吸入水样或已处理过的水样试液,分别测出各元素的吸光度并记录之。注意,每测一个试样溶液前均要吸入(1+499)硝酸溶液,将仪器调零后再测定下一份试液。

五、数据记录与处理

实验过程中,将测得数据如实填入表 3-16 和表 3-17 中。

表 3-16　标准曲线的测定

铜标准溶液浓度(mg/L)					
吸光度					
锌标准溶液浓度(mg/L)					
吸光度					

铜的标准曲线线性方程_____,相关系数 R _____,是否符合测定要求_____。锌的标准曲线线性方程_____,相关系数 R _____,是否符合测定要求_____。

表 3-17　样品的测定

		空白试样	试样 1	试样 2	试样 3	……
铜	吸光度					
	校正吸光度	—				
	浓度(mg/L)	—				
锌	吸光度					
	校正吸光度	—				
	浓度(mg/L)	—				

根据扣除空白吸光度后的样品吸光度,在标准曲线上查出相应金属的浓度。

思考、讨论和回答 3:在实验过程中,如果出现基体干扰,应如何消除?

六、注意事项

1. 当水中铜的浓度为 1～50 μg/L 时,常用螯合萃取法测定:用吡咯烷二硫代氨基甲酸铵在 pH＝3.0 时与被测金属离子螯合后,萃取入甲基异丁基甲酮中,然后吸入火焰进行原子吸收分析。具体操作方法见 GB 7475—1987 相关标准。

2. 水样中铁浓度高于 100 mg/L 时,对锌测定有干扰。

3. 为了检验是否存在基体干扰或背景吸收,可通过测定加入适量标液,测定标样的回收率判断基体干扰的程度;通过测定特征谱线附近 1 nm 内的一条非特征吸收谱线处的吸收可判断背景吸收的大小。

4. 在测定过程中,要定期地复测空白和工作标准溶液,以检查基线的稳定性和仪器的灵敏度是否发生了变化。

5. 消解中使用的高氯酸有爆炸危险,整个消解在通风柜中进行。

拓展阅读:电感耦合等离子体原子发射光谱法(ICP-AES)

电感耦合等离子体原子发射光谱法(ICP-AES)是以电感耦合等离子炬为激发光源的一类光谱分析方法,它是一种由原子发射光谱法衍生出来的新型分析技术。它能够方便、快速、准确地测定水样中的多种金属元素和准金属元素,且没有显著的基体效应,越来越受到人们的青睐,应用越来越广。

实验 10　水中汞的测定

汞（Hg）及汞化合物属于剧毒物质，可在人和生物体内蓄积。进入水体的无机汞离子可转变为毒性更大的有机汞，经食物链进入人体，引起全身中毒。天然水中含汞极少，一般不超过 0.1 μg/L。我国饮用水标准限值为 0.001 mg/L。测定水中微量、痕量汞的方法有冷原子吸收法、冷原子荧光法和原子荧光法，均具有干扰因素少、灵敏度较高的优点。对于浓度较高的工业废水，可采用双硫腙分光光度法，方法成熟，应用广泛。

下面主要依据《水质　总汞的测定　冷原子吸收分光光度法》（HJ 597—2011），测定水中汞的含量。

一、实验目的

1. 掌握冷原子吸收分光光度法测定水体中汞的原理和方法；
2. 掌握冷原子吸收测汞仪的操作方法和规范；
3. 学会含汞水样预处理方法。

二、方法原理

汞原子蒸气对 253.7 nm 的紫外光有选择性吸收作用。在一定浓度范围内，吸光度与汞浓度成正比。

水样经消解后，各种形态汞转化为（　　），用盐酸羟胺将过剩的氧化剂还原，再用氯化亚锡将（　　）还原为金属汞。在室温下通入空气或氮气，金属汞（　　），并载入冷原子吸收测汞仪测定吸光度，与汞标准溶液吸光度进行比较定量。

任务 1：根据冷原子吸收分光光度法测汞的原理，将上述文字填写完整。

三、实验仪器与试剂

1. 冷原子吸收测汞仪：具备空心阴极灯或无极放电灯。
2. 台式自动平衡记录仪：量程与测汞仪匹配。
3. 汞还原器：总容积分别为 250 mL、500 mL，具有磨口、带莲蓬形多孔吹气头的玻璃翻泡瓶。
4. 汞吸收塔：250 mL 玻璃干燥塔，内填经碘化处理的柱状活性炭。

经碘化处理的活性炭：称取 1 份质量碘、2 份质量碘化钾和 20 份质量蒸馏水，在玻璃烧杯中配成溶液，然后向溶液中加入 10 份质量的柱状活性炭，用力搅拌至溶液脱色后，经玻璃纤维过滤后在 100 ℃左右烘 1~2 h 即可。

思考、讨论和回答 1:汞吸收塔的作用是什么?

5. 可调温电热板或高温电炉。

6. 恒温水浴锅:温控范围为室温~100 ℃。

7. 变色硅胶:ϕ3~4 mm,干燥用。

8. 样品瓶:500 mL、1 000 mL,硼硅玻璃或高密度聚乙烯材质。

9. 优级纯试剂:浓硫酸(ρ=1.84 g/mL);浓盐酸(ρ=1.19 g/mL);浓硝酸(ρ=1.42 g/mL);重铬酸钾。

10. 硝酸溶液(1+1)。

11. 高锰酸钾溶液:$\rho(KMnO_4)$=50 g/L。

任务 2:配制 100 mL 上述高锰酸钾溶液,应称取优级纯高锰酸钾(　　)g。

12. 过硫酸钾溶液:$\rho(K_2S_2O_8)$=50 g/L

将 50 g 过硫酸钾($K_2S_2O_8$)用无汞蒸馏水溶解,稀释至 1 000 mL。

13. 盐酸羟胺溶液:$\rho(NH_2OH \cdot HCl)$=200 g/L

将 200 g 盐酸羟胺($NH_2OH \cdot HCl$)用无汞蒸馏水溶解,稀释至 1 000 mL。盐酸羟胺常含有汞,必须提纯。当汞含量较低时,采用巯基棉纤维除汞法;汞含量高时,先按萃取法除大量汞,再按巯基棉纤维除尽汞。

14. 氯化亚锡溶液:$\rho(SnCl_2)$=200 g/L

将 20 g 氯化亚锡($SnCl_2 \cdot 2H_2O$)置于干烧杯中,加入 20 mL 浓盐酸,微微加热。待完全溶解后,冷却,再用无汞蒸馏水稀释至 100 mL。若有汞可通入氮气鼓泡除汞。

思考、讨论和回答 2:盐酸羟胺和氯化亚锡溶液的作用是什么?

15. 重铬酸钾溶液(简称固定液):$\rho(K_2Cr_2O_7)$=0.5 g/L

将 0.5 g 重铬酸钾溶于 950 mL 无汞蒸馏水中,再加 50 mL 浓硝酸。此溶液用于配制或稀释各级汞标准溶液。

16. 汞标准储备液:$\rho(Hg)$=100 mg/L

称取置于硅胶干燥器中充分干燥的 0.135 4 g 优级纯氯化汞($HgCl_2$),用固定液溶解,并定容 1 000 mL。也可购买有证标准溶液。

17. 汞标准中间溶液:$\rho(Hg)$=10.0 mg/L

任务 3:用吸管(A 级)吸取汞标准储备溶液(　　)mL,注入 100 mL 容量瓶(A 级),加固定液稀释至标线,摇匀。此溶液 1 L 含 10.0 mg 汞。

18. 汞标准使用液 I:$\rho(Hg)$=0.1 mg/L

用吸管(A 级)吸取汞标准中间溶液 10.00 mL,注入 1 000 mL 容量瓶(A 级)。用固定液稀释至标线,摇匀(室温阴凉放置,可稳定 100 天左右)。此溶液 1 mL 含 0.100 μg 汞。

19. 汞标准使用液 Ⅱ:$\rho(Hg)$=10 μg/L

用吸管(A 级)吸取 10.00 mL 汞标准使用液 I 至 100 mL 容量瓶(A 级)中,用固定液稀释至标线。此溶液临用现配。

20. 稀释液:将 0.2 g 重铬酸钾溶于 900 mL 无汞蒸馏水中,再加 27.8 mL 浓硫酸,混匀。用于稀释汞标准溶液。

21. 实验用水

任务 4：在本实验中，溶液配制和样液制备的实验用水需要用（　　　）。

制备方法：将蒸馏水加盐酸酸化至 pH＝3，然后通过巯基棉纤维管除汞。二次重蒸馏水或电渗析去离子水通常可达到此纯度。

四、实验步骤

1. 采样

按采样方法采取具有代表性足够分析用量的水样（采取污水量不应少于 500 mL，清洁的地表水和地下水不少于 1 000 mL）。用硼硅玻璃瓶或高密度聚乙烯塑料瓶盛装水样，样品尽量充满容器，以减少器壁吸附。

采样后应立即按每升水样中加 10 mL 的比例加入浓盐酸（检查 pH 应小于 1，否则应适当增加盐酸），然后加入 0.5 g 重铬酸钾（若橙色消失，应适当补加，使水样呈持久的淡橙色）。密塞，摇匀后，置室内阴凉处，可保存一个月。

思考、讨论和回答 3：水样中加入重铬酸钾的目的是什么？为什么要使水样 pH 小于 1？

2. 水样预处理

采用高锰酸钾-过硫酸钾消解法对水样进行预处理。根据水样特性从以下两种方法中选择适合的预处理方法。

（1）近沸保温法：适用于地表水、地下水、工业废水和生活污水。

将实验室样品充分摇匀后，准确量取 100 mL 样品注入 250 mL 锥形瓶中。若样品中汞含量较高，可减少取样量并用无汞蒸馏水稀释至 100 mL。依次加 2.5 mL 浓硫酸、2.5 mL（1＋1）硝酸和 4 mL 高锰酸钾溶液，摇匀。在 15 min 内若紫色褪去，则需补加适量高锰酸钾溶液，以使颜色维持紫色，但高锰酸钾总量不超过 30 mL。然后，再加 4 mL 过硫酸钾溶液。插入小漏斗，置于沸水浴中，使样液在近沸状态保温 1 h，取下冷却。临近测定时，边摇边加盐酸羟胺溶液，直至刚好将过剩的高锰酸钾及器壁上的二氧化锰全部褪色为止。

注：当测定清洁地表水或地下水时，量取 200 mL 水样置于 500 mL 锥形瓶中，依次加入 5 mL 浓硫酸、5 mL（1＋1）硝酸溶液和 4 mL 高锰酸钾溶液，摇匀。其他操作按照上述步骤进行。

（2）煮沸法：适用于含有机物、悬浮物较多，组成复杂的工业废水和生活污水。

该法取样量、加入试剂量和步骤同近沸保温法。向锥形瓶中加入数粒玻璃珠或沸石，插入小漏斗，擦干瓶底，然后用高温电炉或可调温电热板加热煮沸 10 min，取下冷却。临近测定时，边摇边加盐酸羟胺溶液，直至刚好将过剩的高锰酸钾及器壁上的二氧化锰全部褪色为止。

3. 制备空白试样

用无汞蒸馏水代替样品，按水样预处理方法相同操作，制备两份空白试样，并把采样时加的试剂量考虑在内。

4. 系列标准工作溶液配制

参照表 3-18 和表 3-19 配制系列标准工作溶液。

表 3-18 高浓度系列标准工作溶液

0.1 mg/L 汞标准使用液加入体积(mL)	0.00	0.50	1.00	1.50	2.00	2.50	3.00	5.00
标准工作液浓度($\mu g/L$)								
定容体积(mL)	100	100	100	100	100	100	100	100

表 3-19 低浓度系列标准工作溶液

10.0 $\mu g/L$ 汞标准使用液加入体积(mL)	0.00	0.50	1.00	2.00	3.00	4.00	5.00
标准工作液浓度($\mu g/L$)							
定容体积(mL)	200	200	200	200	200	200	200

注：高浓度标准溶液适用于工业废水和生活污水的测定；低浓度标准溶液适用于地表水和地下水的测定。

任务 5：分别计算每一份工作标准溶液的浓度，填入表 3-18 和表 3-19 中。

5. 样品测定

(1) 仪器调试 按说明书调试测汞仪。

(2) 校准曲线的绘制

选择适合的系列标准工作溶液，依次移至 250 mL（或 500 mL）反应装置中，加入 2.5 mL（或 5.0 mL）氯化亚锡溶液，迅速插入吹气头，由低浓度到高浓度测定响应值。以零浓度校正响应值为纵坐标，对应的总汞质量浓度($\mu g/L$)为横坐标，绘制校准曲线。

(3) 水样测定

将处理过的水样，按标准曲线绘制的方法，载入测汞仪测定吸光度。测定工业废水和生活污水样品时，将待测试样转移至 250 mL 反应装置中测定；测定地表水和地下水样品时，将待测试样转移至 500 mL 反应装置中测定。每测定一份试样，将三通阀旋回"校零"端，取出吹气头，弃去废液，用蒸馏水洗汞还原器两次，再用稀释液洗一次，以氧化可能残留的二价锡，然后进行另一水样的测定。

(4) 空白测定

按照与试样测定相同步骤进行空白试样的测定。

五、数据记录与处理

实验过程中，将测得数据如实填入表 3-20、表 3-21 中。

表 3-20 校准曲线的测定

标准工作溶液浓度($\mu g/L$)						
响应值						

表 3-21 样品的测定

	空白试样	试样1	试样2	试样3	试样4	……
响应值						
浓度(μg/L)						

汞的校准曲线线性方程_____,相关系数 R _____。

水样中总汞的质量浓度 $\rho = \dfrac{(\rho_1 - \rho_0) \times V_0}{V} \times \dfrac{V_1 + V_2}{V_1}$

式中：ρ——样品中总汞的质量浓度,μg/L；

ρ_1——根据校准曲线计算出试样中总汞的质量浓度,μg/L；

ρ_0——根据校准曲线计算出空白试样中总汞的质量浓度,μg/L；

V_0——标准系列的定容体积,mL；

V_1——采样体积,mL；

V_2——采样时向水样中加入浓盐酸体积,mL；

V——制备试样时分取样品体积,mL。

当测定结果<10 μg/L 时,保留到小数点后两位；≥10 μg/L 时,保留三位有效数字。

六、注意事项

1. 重铬酸钾、汞及其化合物毒性很强,操作时应加强通风,操作人员应佩戴防护器具,避免接触皮肤和衣物。

2. 在样品还原前,所有试剂和试样的温度应保持一致(<25 ℃)。环境温度低于 10 ℃ 时,灵敏度会明显降低。

3. 汞的测定易受到环境中的汞污染,在汞的测定过程中应加强对环境中汞的控制,保持清洁、加强通风。

4. 汞的吸附或解吸反应易在反应容器和玻璃器皿内壁上发生,故每次测定前应采用仪器洗液先将反应容器和玻璃器皿浸泡过夜后,再用无汞蒸馏水冲洗干净。

5. 水蒸气对汞的测定有影响,会导致测定时响应值降低,应注意保持连接管路和汞吸收池干燥。可通过红外灯加热的方式去除汞吸收池中的水蒸气。

拓展阅读：冷原子荧光法测汞的原理

冷原子荧光法是一种发射光谱法,汞灯发射光束经过由水样所含汞元素转化的汞蒸气时,汞原子吸收特定共振波的能量,使其由基态激发到高能态,而当被激发的原子回到基态时,将发出荧光,通过测定荧光强度的大小,即可测出水样中汞的含量。冷原子荧光法灵敏度高,干扰少,方法最低检出浓度为 0.05 μg/L,测定上限可达 1 μg/L。

实验 11　废水中氟离子的测定

水中氟化物的含量是衡量水质的重要指标之一,饮用水中含氟的适宜浓度为 0.5～1.0 mg/L(F^-)。当长期饮用含氟量高于 1.5 mg/L 的水时,则易患斑釉病。如水中含氟高于 4 mg/L 时,则可导致氟骨病。

氟化物广泛存在于天然水中。有色冶金、钢铁和铝加工、玻璃、磷肥、电镀、陶瓷、农药等行业排放的废水和含氟矿物废水是氟化物的人为污染源。

测定水中氟化物的主要方法有:氟离子选择电极法、氟试剂分光光度法、离子色谱法和硝酸钍滴定法等。电极法选择性好,适用范围宽,水样浑浊、有颜色均可测定,测量范围是 0.05～1 900 mg/L,是应用最为普遍的方法之一;离子色谱法简便、快速、相对干扰较少,测量范围是 0.06～10 mg/L,在国内外应用也非常广。下面主要依据《水质　氟化物的测定　离子选择电极法》(GB 7484—1987),采用电极法测定水中的氟化物。

一、实验目的

1. 掌握氟离子选择电极法的原理和操作方法。
2. 掌握氟电极的使用方法。

二、方法原理

氟化镧单晶对氟离子有选择性,将氟化镧单晶封在塑料管的一端,管内装 0.1 mol/L NaF 和 0.1 mol/L NaCl 溶液,以 Ag-AgCl 电极为参比电极,构成氟离子选择电极:

Ag|AgCl$_2$,Cl$^-$(0.3 mol/L),F$^-$(0.001 mol/L)|LaF$_3$||试液||外参比溶液

用氟离子电极测定水样时,以(　　)作指示电极,以(　　)作参比电极,被电极膜分开的两种不同浓度氟溶液之间存在电位差,这种电位差通常称为膜电位。膜电位的大小与氟溶液的(　　)有关,符合能斯特方程。

任务 1:根据上述离子电极结构原理,将上述文字填写完整。

氟电极与饱和甘汞电极组成一对原电池,如果忽略液接电位,电池的电动势为:

$$E = K - \frac{2.303RT}{F}\log[a_{F^-}]$$

氟离子选择电极一般在 1～10^{-6} mol/L 范围内符合能斯特方程式。电动势与离子活度负对数值成线性关系。

若在标液与样液中加入总离子强度调节缓冲剂 TISAB,控制待测溶液的离子强度与

酸度恒定，活度系数固定，则：

$$E = K' - \frac{2.303RT}{F}\log[C_{F^-}]$$

利用溶液电动势与离子浓度负对数值成线性关系，从而测出氟离子浓度。

三、实验仪器与试剂

1. 氟离子选择电极。
2. 饱和甘汞电极或银-氯化银电极。
3. 离子活度计或 pH 计，精确到 0.1 mV。
4. 磁力搅拌器及聚乙烯或聚四氟乙烯包裹的搅拌子。
5. 氟化物的水蒸气蒸馏装置：见图 3-1。
6. 聚乙烯杯 100 mL、150 mL。
7. 分析纯试剂：盐酸（$\rho = 1.19$ g/mL）；硫酸（$\rho = 1.84$ g/mL）。
8. 盐酸溶液：2 mol/L。量取 1 份体积浓盐酸加入 5 份体积水中。
9. 乙酸钠溶液：称取 15 g 乙酸钠溶于 100 mL 水中。
10. 总离子强度调节缓冲溶液（TISAB）：称取 58.8 g 二水合柠檬酸钠和 85 g 硝酸钠，加水溶解，用盐酸调节 pH 至 5~6，转入 1 000 mL 容量瓶中，稀释至标线，摇匀。
11. 氟化物标准储备液：称取 0.221 0 g 基准氟化钠（NaF）（预先于 105~110 ℃ 烘干 2 h，或者于 500~650 ℃ 烘干约 40 min，冷却），用水溶解后转入 100 mL 容量瓶中，稀释至标线，摇匀。贮存在聚乙烯瓶中。此溶液每毫升含氟（F$^-$）1.00 mg。
12. 氟化物标准使用液：用无分度吸管吸取氟化钠标准储备液 2.50 mL，注入 250 mL 容量瓶中，稀释至标线，摇匀。

任务 2：此溶液氟离子（F$^-$）浓度为（　　）mg/L。

13. 实验用水

任务 3：在本实验中，溶液配制和样液制备的实验用水需要选用（　　）或无氟蒸馏水。

四、实验步骤

1. 采样：按采样要求采取具有代表性的水样。样品应该用聚乙烯瓶采集和贮存。如果水样中氟化物含量不高，pH 在 7 以上，也可以用硬质玻璃瓶存放。采样时应先用水样冲洗取样瓶 3~4 次。

2. 样品预处理

试样如果成分不太复杂,可直接取样测定。如果含有氟硼酸盐或者污染严重,则应先进行蒸馏。在沸点较高的酸溶液中,氟化物可形成易挥发的氢氟酸和氟硅酸而与干扰组分分离。

取 50 mL 水样(氟浓度高于 2.5 mg/L 时,可分取少量水样,用水稀释到 50 mL)于蒸馏瓶中,加入与水体等体积的浓硫酸,摇匀。按图 3-1 连接好装置,加热,待蒸馏瓶内溶液温度升到约 130 ℃时,开始通入蒸汽,并维持温度在 145 ℃左右,蒸馏速度为 5~6 mL/min。待接收瓶中馏出液体积约为 200 mL 时,停止蒸馏,并用水定容至 200 mL,供测定用。

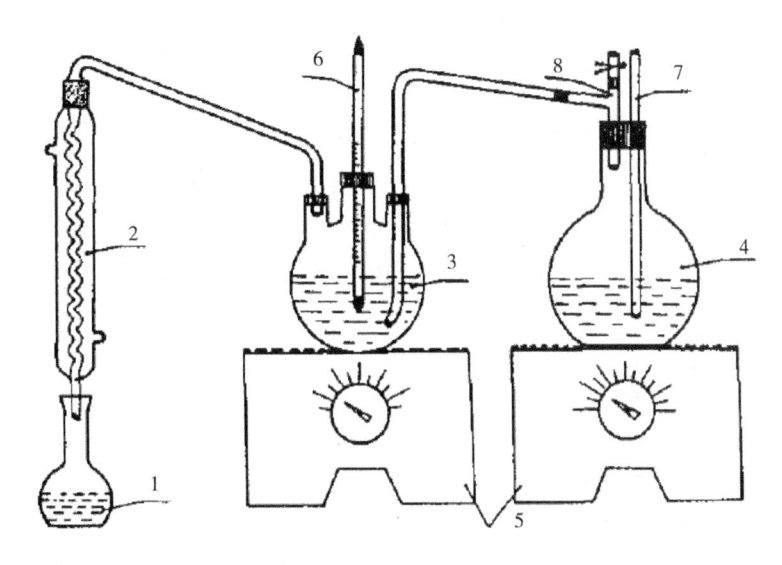

1—接收瓶(200 mL 容量瓶);2—蛇形冷凝管;3—250 mL 直口三角烧瓶;4—水蒸气发生瓶;5—可调电炉;6—温度计;7—安全管;8—三通管(排气用)

图 3-1 氟化物水蒸气蒸馏装置

思考、讨论和回答 1:如果测定牙膏中的游离氟含量,如何进行预处理?

3. 测定

(1)氟离子选择性电极的准备:连接好仪器和电极,打开电源开关,按下"mV"键,预热 15 min。将两电极插入蒸馏水中,开动搅拌器,使电位基本稳定。

(2)标准溶液的测定和校准

可以用标准曲线法和一次标准加入法作为测定氟离子含量的定量依据。

①标准曲线法:用移液管移取 10.0 mg/L 的氟标准使用液 1.00 mL、2.50 mL、5.00 mL、10.00 mL、20.00 mL 分别置于 5 个 50 mL 容量瓶中,各加入 10 mL 总离子强度调节缓冲液,用水稀释至标线,摇匀。按浓度由低到高的顺序依次将配制的系列标准工作液转入 100 mL 聚乙烯杯中,放入一只塑料搅拌子,依次插入电极,打开搅拌器,待电位稳定后,读取搅拌状态下的稳定电位值(E)。每次测量之前,都要用水充分清洗电极,并用滤纸吸去水分。在半对数坐标纸上绘制 $E(\text{mV})$- $\log[\text{F}^-]$ (mg/L)标准曲线。

表 3-22 标准溶液浓度

氟标准溶液体积(mL)	1.00	2.50	5.00	10.00	20.00
工作标准溶液浓度(mg/L)					

任务 4:完成表 3-22 中浓度计算。

思考、讨论和回答 2:若氟离子标准使用溶液浓度为 95 mg/L,准确量取 0.10 mL、0.20 mL、0.30 mL、0.40 mL、0.50 mL 氟离子标准使用溶液,分别移入 5 个 25 mL 容量瓶中,各加入 5.0 mL TISAB,用去离子水稀释至刻度,摇匀,则氟离子工作标准溶液浓度分别为多少?

思考、讨论和回答 3:加入总离子强度调节缓冲溶液(TISAB)的作用是什么?

②一次标准加入法:当水样组成复杂时,宜采用一次标准加入法,以减小基体的影响。

先按步骤①标准曲线的步骤测定出水样的电位值(E_1),然后向水样中加入一定量(与试样中氟含量相近)的氟化物标准液,在不断搅拌下读取稳定电位值(E_2)。E_1 与 E_2 的毫伏值以相差 30~40 mV 为宜。按下式计算水样中氟化物的含量:

$$c_x = \frac{c_s \cdot V_s}{V_x + V_s} \left(10^{\frac{\Delta E}{S}} - \frac{V_x}{V_s + V_x} \right)^{-1}$$

式中:c_x——试样中氟化物(F^-)浓度,mg/L;

V_x——试样体积,mL;

c_s——加入标准溶液的浓度,mg/L;

V_s——加入标准溶液的体积,mL;

ΔE——等于 $E_1 - E_2$(对阴离子选择电极),其中 E_1 为测得水样试液的电位值,mV;E_2 为试液中加入标准溶液后测得的电位值,mV;

S——氟离子选择电极的响应斜率,即标准曲线的斜率(即浓度改变一个数量级所引起的 E 值变化)。

斜率 S 的测定:最简单的方法是借稀释一倍的方法以测得实际响应斜率,即在测定过 E_2 的水样中,加 2.5 mL TISAB 溶液和 22.5 mL 去离子水,混匀,测定 E_3,则电极在试液中的实际响应斜率为:

$$S = (E_2 - E_3)/\lg 2 = (E_2 - E_3)/0.301$$

如果 $V_s \ll V_x$,则上式可简化为:$c_x = \dfrac{c_s \cdot V_s}{V_x}(10^{\frac{\Delta E}{S}} - 1)^{-1}$

(3) 样液的测定:移取 15.00 mL 水样(或者其他体积,根据浓度),置于 50 mL 容量瓶中,用乙酸钠或盐酸溶液调节 pH 至近中性,加入 10 mL 总离子强度调节缓冲溶液,用水稀释至标线,摇匀。将其移入 100 mL 聚乙烯杯中,放入一只塑料搅拌子,插入电极,连续搅拌溶液,待电位稳定后,在继续搅拌下读取稳定电位值(E_x)。重复测量 3 份。在每次测量之前,都要用水充分清洗电极,并用滤纸吸去水分。

根据测得的毫伏数,由线性关系方程上查得水样中氟化物的浓度,再根据水样的稀释倍数计算其氟化物含量。

思考、讨论和回答 3:测试水样前,为何要调节水样 pH 至近中性?酸碱度对测定结果有什么影响?

(4) 空白试验:用去离子水代替水样,按测定样品的条件和步骤测量电位值,检验去离子水和试剂的纯度,如果测的值不能忽略,应从水样测定结果中减去空白值。

思考、讨论和回答 4:氟离子电极使用后应如何存放?

五、数据记录与处理

实验过程中,将测得数据如实填入表 3-23 和表 3-24 中。

表 3-23 标准曲线的测定

工作标准溶液浓度(mg/L)					
电位值(mV)					

氟离子的标准曲线线性方程和相关系数:＿＿＿＿＿＿＿＿＿＿＿＿＿＿＿＿。

表 3-24 水样测定结果

	水样 1	水样 2	水样 3
E_1(mV)			
E_2(mV)			
E_3(mV)			
c_s(mg/L)			
V_s(mL)			
V_x(mL)			
c_x(mg/L)			

六、注意事项

1. 氟电极在使用前,宜在去离子水中浸泡数小时或过夜,或在 10^{-3} mol/L NaF 溶液中浸泡 1~2 h,再将其清洗至空白点位值。
2. 如果试液中氟化物含量低,则应从测定值中扣除空白试验值。
3. 不得用手触摸电极的敏感膜;如果电极膜表面被有机物等沾污,必须先清洗干净后才能使用。
4. 一次标准加入法所加入标准溶液的浓度(c_s),应比试液浓度(c_x)高 10~100 倍,加入的体积为试液的 1/10~1/100,以使体系的 TISAB 浓度变化不大。

拓展阅读:《水质 无机阴离子的测定 离子色谱法》(HJ 84—2016)

离子色谱法(IC)是利用离子交换原理,连续对共存多种阴离子或阳离子进行分离、定性和定量的方法。分析阳离子时,分离柱为低容量的阳离子交换树脂,用盐酸溶液作淋洗液。注入样品溶液后,被测离子随淋洗液进入分离柱,基于各种阳离子对低容量阳离子交换树脂的亲和力不同而彼此分开,在不同时间内随盐酸淋洗液进入抑制柱,在此盐酸被强碱性树脂中和,变成低电导的去离子水,使待测阴离子得以依次进入电导池被测定。分析阴离子时,分离柱用低容量的阴离子交换树脂,抑制柱用强酸性阳离子交换树脂,淋洗液用氢氧化钠溶液或碳酸钠与碳酸氢钠的混合溶液。淋洗液载带试液在分离柱中将待测阴离子分离后,进入抑制柱被中和或抑制变成低电导的去离子水或碳酸,使待测阴离子得以依次进入电导池被测定。

用离子色谱法测定水样中 F^-、Cl^-、Br^-、NO_2^-、NO_3^-、SO_4^{2-}、PO_4^{3-} 等阴离子时,分离柱选用 $R-N^+HCO_3^-$ 型阴离子交换树脂,抑制柱选用 $RSO_3^-H^+$ 型阳离子交换树脂,以 0.002 4 mol/L 碳酸钠与 0.0031 mol/L 碳酸氢钠混合溶液为淋洗液。分离柱和抑制柱上的交换反应如下:

分离柱:$R-N^+HCO_3^- + Na^+X^- \rightleftharpoons R-N^+X^- + NaHCO_3$
$(X^- = F^-、Cl^-、Br^-、NO_2^-、NO_3^-、SO_4^{2-}、PO_4^{3-})$

抑制柱:$RSO_3^-H^+ + NaHCO_3 \rightleftharpoons RSO_3^-Na^+ + H_2CO_3$
$2RSO_3^-H^+ + Na_2CO_3 \rightleftharpoons 2RSO_3^-Na^+ + H_2CO_3$
$Na^+X^- + RSO_3^-H^+ \rightleftharpoons RSO_3^-Na^+ + HX^-$

由柱上的反应可见,淋洗液(背景溶液)转变成低电导的碳酸,而在抑制柱中待测离子(X^-)以盐的形式转换为等当量的酸,分别进入电导池中测定。根据测得的各离子的峰高或峰面积与混合标准溶液的相应峰高或峰面积比较,即可得知水样中各种离子的浓度。

实验 12　水中石油类的测定

水体中的石油类物质泛指各种烃类混合物,主要来自原油的开采、加工、运输以及各种炼制油的使用等过程所排放的废水。石油类碳氢化合物漂浮于水体表面,影响空气与水体界面氧的交换;水中的微生物氧化分解这些物质,将消耗水中的溶解氧,使水质恶化。因此,在水质监测中,石油类是一个重要的监测指标。

环境监测中,油类是指在 pH≤2 的条件下,能够被四氯乙烯萃取且在波数为 2 930 cm^{-1}、2 960 cm^{-1} 和 3 030 cm^{-1} 处有特征吸收的物质,主要包括石油类和动植物油类。石油类是指在 pH≤2 的条件下,能够被四氯乙烯萃取且不被硅酸镁吸附的物质;动植物油类是指在 pH≤2 的条件下,能够被四氯乙烯萃取且不被硅酸镁吸附的物质。

测定水中石油类的方法有重量法、红外分光光度法和非分散红外法等。重量法是常用的分析方法,它不受油品种的限制,但操作繁杂,灵敏度低,只适于测定 10 mg/L 以上的含油水样;红外分光光度法具有灵敏度高、适用范围广等优点,适用于 0.01 mg/L 以上的含油水样,且不受油品种的影响,能比较准确地反映水中石油类的污染程度,目前得到普遍应用;非分散红外法适用于测定 0.02 mg/L 以上的含油水样,测定过程干扰因素多,测定误差较大。

下面主要依据《水质 石油类和动植物油类的测定 红外分光光度法》(HJ 637—2018),采用红外分光光度法测定水中的石油类。

一、实验目的

1. 掌握红外分光光度法测定水中石油类的原理和方法;
2. 熟练掌握萃取、过滤等预处理操作技能;
3. 熟练掌握红外分光光度计的操作。

二、方法原理

用(　　　)溶剂萃取样品中的总油,然后用硅酸镁吸附去除萃取液中的动植物油类后,测定石油类。在 2 930 cm^{-1}(CH_2 基团中 C—H 键的伸缩振动)、2 960 cm^{-1}(CH_3 基团中 C—H 键的伸缩振动)、3 030 cm^{-1}(芳香环中 C—H 键的伸缩振动)三个波数下测定吸光度,根据校正系数计算水中石油类浓度。

任务 1:根据上述石油类测定的原理,将上述文字填写完整。

三、实验仪器与试剂

1. 红外分光光度计:能在 2 930 cm^{-1}、2 960 cm^{-1}、3 030 cm^{-1} 处测量吸光度,并配有 4 cm 带盖石英比色皿。
2. 水平振荡器。
3. 采样瓶:500 mL、1 000 mL 棕色磨口玻璃瓶。
4. 分液漏斗:1 000 mL 和 2 000 mL,具聚四氟乙烯旋塞。
5. 玻璃漏斗。
6. 锥形瓶:50 mL、100 mL,具塞磨口。
7. 量筒:1 000 mL、2 000 mL。
8. 优级纯试剂:盐酸(HCl),ρ=1.19 g/mL,用于配制 1+1 盐酸溶液。
9. 光谱纯:正十六烷($C_{16}CH_{34}$)、异辛烷(C_8H_{18})、苯(C_6H_6)。
10. 四氯乙烯(C_2Cl_4):以干燥 4 cm 空石英比色皿为参比,在 2 800 cm^{-1}~3 100 cm^{-1} 之间使用 4 cm 石英比色皿测定四氯乙烯,2 930 cm^{-1}、2 960 cm^{-1}、3 030 cm^{-1} 处吸光度应分别不超过 0.34、0.07、0。
11. 无水硫酸钠(Na_2SO_4):550 ℃下加热 4 h,冷却后装入磨口玻璃瓶中,置于干燥器中贮存。

12. 硅酸镁(MgSiO₃)：60～100 目。取硅酸镁于瓷蒸发皿中，置于马弗炉中 550 ℃下加热 4 h，在炉内冷却至约 200 ℃后，移入干燥器中冷却至室温，于磨口玻璃瓶内保存。使用时，称取适量的硅酸镁于磨口玻璃瓶中，根据硅酸镁的质量，按 6%(m/m)比例加入适量的蒸馏水，密塞并充分振荡数分钟，放置约 12 h 后使用。

13. 玻璃棉，使用前用四氯乙烯浸泡洗涤，晾干备用。

14. 正十六烷标准贮备液：$\rho=10\,000$ mg/L。

称取 1.0 g(准确至 0.1 mg)正十六烷于 100 mL 容量瓶中，用四氯乙烯定容，摇匀。0～4 ℃冷藏，避光可保存 1 年。

任务 2：称取 1.0 g 正十六烷，准确至 0.1 mg，应使用哪种天平进行称量？

15. 正十六烷标准使用液：$\rho=1\,000$ mg/L。

将正十六烷标准贮备液用四氯乙烯稀释定容于 100 mL 容量瓶中。

16. 异辛烷标准贮备液：$\rho=10\,000$ mg/L。

称取 1.0 g(准确至 0.1 mg)异辛烷于 100 mL 容量瓶中，用四氯乙烯定容，摇匀。0～4 ℃冷藏，避光可保存 1 年。

17. 异辛烷标准使用液：$\rho=1\,000$ mg/L。

将异辛烷标准贮备液用四氯乙烯稀释定容于 100 mL 容量瓶中。

18. 苯标准贮备液：$\rho=10\,000$ mg/L。

称取 1.0 g(准确至 0.1 mg)苯于 100 mL 容量瓶中，用四氯乙烯定容，摇匀。0～4 ℃冷藏，避光可保存 1 年。

19. 苯标准使用液：$\rho=1\,000$ mg/L。

将苯标准贮备液用四氯乙烯稀释定容于 100 mL 容量瓶中。

20. 石油类标准贮备液：$\rho=10\,000$ mg/L。

按 65∶25∶10(V/V)的比例，量取正十六烷、异辛烷和苯配制混合物。称取 1.0 g(准确至 0.1 mg)混合物于 100 mL 容量瓶中，用四氯乙烯定容，摇匀。0～4 ℃冷藏、避光可保存 1 年。或直接购买市售有证标准溶液。

21. 石油类标准使用液：$\rho=1\,000$ mg/L。

将石油类标准贮备液用四氯乙烯稀释定容于 100 mL 容量瓶中。

22. 实验用水：

任务 3：本实验中，溶液配置和样液制备的实验用水需要用（　　）。

四、实验步骤

1. 样品采集与保存

用 1 000 mL 样品瓶采集地表水或地下水，用 500 mL 样品瓶采集工业废水或生活污水。采集后加入盐酸酸化至 pH≤2。如样品不能在 24 h 内测定，应在 0～4 ℃冷藏保存，3d 内测定。

思考、讨论和回答 1：测定油类的水样在采集时有哪些特殊要求？

2. 样品制备

（1）地表水和地下水

样品全转移至 2 000 mL 分液漏斗中，量取 25.0 mL 四氯乙烯洗涤样品瓶后，全部转移至分液漏斗中。振荡 3 min，经常开启旋塞排气，静置分层；用镊子取玻璃棉置于玻璃漏斗，取适量的无水硫酸钠铺于上面；打开分液漏斗旋塞，将下层有机相萃取液通过装有无水硫酸钠的玻璃漏斗放至 50 mL 比色管中，用适量四氯乙烯润洗玻璃漏斗，润洗液合并至萃取液中，用四氯乙烯定容至刻度。将上层水相全部转移至量筒，测量样品体积并记录。

思考、讨论和回答 2：无水硫酸钠的作用是什么？

取 25 mL 萃取液于 50 mL 锥形瓶中，加入 5 g 硅酸镁，置于水平振荡器上，以 180～200 r/min 的速度连续振荡 20 min，静置沉淀后，上清液经玻璃漏斗过滤至 25 mL 比色管中，用以测定石油类。

（2）工业废水和生活污水

样品全转移至 1 000 mL 分液漏斗中，量取 40.0 mL 四氯乙烯洗涤样品瓶后，全部转移至分液漏斗中。其余操作同（1），萃取液最后定容 50 mL。

取 25 mL 萃取液，用 5 g 硅酸镁进行吸附，操作同（1）。

思考、讨论和回答 3：萃取是本实验的一个关键步骤，对于较清洁的地表水或地下水，如何提高萃取效率，使得萃取液满足后续分析的要求？

3. 空白试样的制备

以实验用水代替样品，加入盐酸酸化至 pH≤2，按照试样制备的步骤制备空白试样。

4. 校准

分别取 2.00 mL 正十六烷标准使用液、2.00 mL 异辛烷标准使用液和 10.00 mL 苯标准使用液于 3 个 100 mL 容量瓶中，用四氯乙烯定容至标线，摇匀。正十六烷、异辛烷和苯标准溶液浓度分别为 20 mg/L、20 mg/L 和 100 mg/L。

以四氯乙烯为参比溶液，使用 4 cm 比色皿，分别测量正十六烷、异辛烷和苯标准溶液在 2 930 cm^{-1}、2 960 cm^{-1}、3 030 cm^{-1} 处的吸光度 A_{2930}、A_{2960} 和 A_{3030}。将正十六烷、异辛烷和苯标准溶液在上述波数处的吸光度按照式（3-3）联立方程，经求解后分别得到相应的校正系数 X、Y、Z 和 F。

$$\rho = X \cdot A_{2930} + Y \cdot A_{2960} + Z \cdot \left(A_{3030} - \frac{A_{2930}}{F}\right) \qquad (3-3)$$

式中：ρ——四氯乙烯中油类的含量，mg/L；

A_{2930}、A_{2960}、A_{3030}——各对应波数下测得的吸光度；

X、Y、Z——与 CH_2 基团、CH_3 基团和芳香环中 C—H 键吸光度相对应的系数，mg/L/吸光度；

F——脂肪烃对芳香烃影响的校正因子，即正十六烷在 2 930 cm^{-1} 和 3 030 cm^{-1} 处的吸光度之比。

对于正十六烷和异辛烷,由于芳香烃含量为零,即 $A_{3030}-(A_{2930}/F)=0$,则有:

$$F=\frac{A_{2930}(H)}{A_{3030}(H)} \tag{3-4}$$

$$\rho(H)=X \cdot A_{2930}(H)+Y \cdot A_{2960}(H) \tag{3-5}$$

$$\rho(I)=X \cdot A_{2930}(I)+Y \cdot A_{2960}(I) \tag{3-6}$$

由式(3-4)可得 F 值,由式(3-5)和式(3-6)联合求得 X 值和 Y 值。

对于苯,则有:

$$\rho(B)=X \cdot A_{2930}(B)+Y \cdot A_{2960}(B)+Z \cdot \left(A_{3030}(B)-\frac{A_{2930}(B)}{F}\right) \tag{3-7}$$

由式(3-7)可得 Z 值。

式中:$\rho(H)$——正十六烷标准溶液的浓度,mg/L;

$\rho(I)$——异辛烷标准溶液的浓度,mg/L;

$\rho(B)$——苯标准溶液的浓度,mg/L;

$A_{2930}(H)$、$A_{2960}(H)$、$A_{3030}(H)$——各对应波数下测得正十六烷标准溶液的吸光度;

$A_{2930}(I)$、$A_{2960}(I)$、$A_{3030}(I)$——各对应波数下测得异辛烷标准溶液的吸光度;

$A_{2930}(B)$、$A_{2960}(B)$、$A_{3030}(B)$——各对应波数下测得苯标准溶液的吸光度。

注:如红外分光光度计出厂时已设定了校正系数,可以直接进行校正系数的检验。

5. 测定

将经硅酸镁吸附后的萃取液移至 4 cm 比色皿中,以四氯乙烯作为参比,于 2 930 cm^{-1}、2 960 cm^{-1}、3 030 cm^{-1} 三处测得 A_{2930}、A_{2960} 和 A_{3030},计算石油类的浓度。

空白试验按上法同步进行测定。

思考、讨论和回答 4:测量样品时,应该怎样清洗比色皿?

五、数据记录与处理

实验过程中,将测得数据如实填入表 3-25 和表 3-26 中,并根据公式(3-8)计算水样中石油类的浓度 ρ,结果填入表 3-26 中。

$$\rho=\left[X \cdot A_{2930}+Y \cdot A_{2960}+Z \cdot \left(A_{3030}-\frac{A_{2930}}{F}\right)\right] \cdot \frac{V_0 \cdot D}{V_w}-\rho_0 \tag{3-8}$$

式中:ρ——样品中石油类的浓度,mg/L;

ρ_0——空白试样中石油类的浓度,mg/L;

X,Y,Z,F——校正系数;

A_{2930}、A_{2960}、A_{3030}——各对应波数下测得的吸光度;

V_0——萃取溶剂的体积,mL;

V_w——样品体积,mL;

D——萃取液稀释倍数。

当测定结果小于 10 mg/L 时,结果保留两位小数;当测定结果大于等于 10 mg/L 时,结果保留三位有效数字。

表 3-25 校正系数的计算

	浓度(mg/L)	$A_{2\,930}$	$A_{2\,960}$	$A_{3\,030}$	F	
正十六烷标液(H)					X	
异辛烷标液(I)					Y	
苯标液(B)					Z	

表 3-26 样品测定

水样体积 V_w		萃取剂体积 V_0		稀释倍数 D	
	$A_{2\,930}$	$A_{2\,960}$	$A_{3\,030}$	ρ_0	ρ
空白试样					
试样 1					
试样 2					
试样 3					
试样 4					
试样 5					

六、注意事项

1. 实验中所使用的四氯乙烯对人体健康有害,实验过程应在通风橱内进行,操作时应按规定要求佩戴防护器具,避免接触皮肤和衣物。

2. 每批样品分析前,应先做空白实验,空白值应低于检出限。

3. 样品分析过程中产生的四氯乙烯废液应存放在密闭容器中并妥善处理。

拓展阅读:《水质 石油类的测定 紫外分光光度法(试行)》(HJ 970—2018)

2018 年,国家生态环境部发布了新的标准——《水质 石油类的测定 紫外分光光度法(试行)》(HJ 970—2018),该标准适用于地表水、地下水和海水中石油类的测定。方法原理是:在 pH<2 的条件下,样品中的油类物质被正己烷萃取,萃取液经无水硫酸钠脱水,再经硅酸镁吸附除去动植物油类等极性物质后,于 225 nm 波长处测定吸光度,石油类含量与吸光度值符合朗伯-比尔定律。

第四章
空气质量监测

空气是人类生存不可缺少的要素，空气环境质量直接决定了人类的生存和生活水平。随着生活水平的不断提高，民众对空气质量的关注度和要求也不断增加。由于化石燃料的燃烧、工业排放等因素，大量污染物被排放进入大气导致空气污染，在逆温等气象条件作用下，还能够造成二次污染，危害加剧。

空气中的污染物根据形态来分主要有颗粒物、气态污染物两大类，其中气态污染物可分为有机物、无机物两类，前者主要有烃类、苯系物、醛酮类、酚类等，后者主要有氨气、硫化氢、一氧化碳等。本章主要介绍空气中 PM_{10} 和 $PM_{2.5}$、苯系物、甲醛等项目的测定原理和方法。

实验 1　空气中 PM_{10} 和 $PM_{2.5}$ 的测定

按照空气动力学直径大小，可将大气颗粒物分为：总悬浮颗粒物（TSP）、可吸入颗粒物（PM_{10}）、细颗粒物（$PM_{2.5}$）。粒径在 2.5 μm 至 10 μm 之间的颗粒物，能够进入上呼吸道，而粒径在 2.5 μm 以下的细颗粒物被吸入人体后会直接进入支气管，干扰肺部的气体交换，引发包括哮喘、支气管炎和心血管病等方面的疾病。PM_{10} 和 $PM_{2.5}$ 是环境空气质量标准中的基本监测项目。

测定 PM_{10} 和 $PM_{2.5}$ 的方法是用符合规定要求的切割器将采集的颗粒物按粒径分离，然后采用重量法、β射线吸收法、微量振荡天平法测定。其中重量法操作简单方便，是实验室测定 PM_{10} 和 $PM_{2.5}$ 常用方法。依据《环境空气 PM_{10} 和 $PM_{2.5}$ 的测定 重量法》（HJ 618—2011），采用重量法测定空气中的 PM_{10} 和 $PM_{2.5}$。

一、实验目的

1. 掌握重量法测定 PM_{10} 和 $PM_{2.5}$ 的原理。
2. 熟悉测定 PM_{10} 和 $PM_{2.5}$ 的实验方案和操作步骤。

二、实验原理

分别通过具有一定切割特性的采样器,以恒速抽取定量体积的干空气,使环境空气中的 PM_{10} 和 $PM_{2.5}$ 被截留在已知质量的滤膜上。根据采样前后滤膜的重量差和采样体积,计算出 PM_{10} 和 $PM_{2.5}$ 的浓度。

三、实验仪器和材料

1. 切割器:
(1) PM_{10} 切割器、采样系统:切割粒径 $Da50=(10\pm0.5)\mu m$;捕集效率的几何标准差为 $\sigma_g=(1.5\pm0.1)\mu m$。其他性能和技术指标应符合 HJ/T 93—2003 的规定。
(2) $PM_{2.5}$ 切割器、采样系统:切割粒径 $Da50=(2.5\pm0.2)\mu m$;捕集效率的几何标准差为 $\sigma_g=(1.2\pm0.1)\mu m$。其他性能和技术指标应符合 HJ/T 93—2003 的规定。
2. 采样器孔口流量计或其他符合本标准技术指标要求的流量计。
(1) 大流量流量计:量程 $(0.8\sim1.4)m^3/min$;误差 $\leqslant 2\%$。
(2) 中流量流量计:量程 $(60\sim125)L/min$;误差 $\leqslant 2\%$。
(3) 小流量流量计:量程 $<30\ L/min$;误差 $\leqslant 2\%$。
3. 滤膜:根据样品采集目的可选用玻璃纤维滤膜、石英滤膜等无机滤膜或聚氯乙烯、聚丙烯、混合纤维素等有机滤膜。滤膜对 $0.3\ \mu m$ 标准粒子的截留效率不低于 99%。
4. 分析天平:感量 0.1 mg 或 0.01 mg。
5. 恒温恒湿箱(室):箱(室)内空气温度在 $(15\sim30)$ ℃范围内可调,控温精度 ± 1 ℃。箱(室)内空气相对湿度应控制在 $(50\pm5)\%$。恒温恒湿箱(室)可连续工作。
6. 干燥器:内盛变色硅胶。
7. 镊子:用于夹取滤膜
8. 滤膜袋:用于存放采样后对折的滤膜。袋上印有编号、采样日期、地点和采样人等。

四、实验步骤

1. 空白滤膜准备及称量:将滤膜放在恒温恒湿箱(室)中平衡 24 h,平衡条件为:温度取 15~30 ℃中任何一点,相对湿度控制在 $45\%\sim55\%$ 范围内,记录平衡温度与湿度。在上述平衡条件下,用感量为 0.1 mg 或 0.01 mg 的分析天平称量滤膜,记录滤膜质量。
任务 1:如何检验空白滤膜是否合格?
2. 采样:将已称重的滤膜用镊子放入洁净采样夹内的滤网上,滤膜毛面应朝进气方向。将滤膜牢固压紧至不漏气。如果测定任何一次浓度,每次需更换滤膜;如测日平均浓度,样品可采集在一张滤膜上。采样结束后,用镊子取出。将有尘面两次对折,放入样品盒或纸袋,并做好采样记录。

任务 2:采样器使用时的注意事项有哪些?

3. 采样后滤膜样品称量:采样后的滤膜放在恒温恒湿箱(室)中,同空白滤膜平衡条件相同条件下平衡 24 h。上述平衡条件下,用感量为 0.1 mg 或 0.01 mg 的分析天平称量滤膜,记录滤膜质量。

任务 3:如何减少称量误差?

4. 样品保存:滤膜采集后,如不能立即称重,应在 4 ℃条件下冷藏保存。

五、结果计算

$PM_{2.5}$ 和 PM_{10} 浓度按下式计算:

$$\rho = \frac{w_2 - w_1}{V} \times 1\,000$$

式中:ρ——$PM_{2.5}$ 和 PM_{10} 浓度,mg/m^3;

w_2——采样后滤膜的重量,g;

w_1——空白滤膜的重量,g;

V——实际采样体积,m^3。

六、注意事项

环境空气监测中采样环境及采样频率的要求,按 HJ 194—2017 的要求执行。采样时,采样器入口距地面高度不得低于 1.5 m。采样不宜在风速大于 8 m/s 等天气条件下进行。采样点应避开污染源及障碍物。如果测定交通枢纽处 PM_{10} 和 $PM_{2.5}$,采样点应布置在距人行道边缘外侧 1 m 处。若采用间断采样方式测定日平均浓度时,其次数不应少于 4 次,累积采样时间不应少于 18h。

实验 2　空气中 SO_2 的测定

二氧化硫(SO_2)是主要空气污染物之一,是空气例行监测的必要项目。SO_2 来源于煤和石油等化石燃料的燃烧、含硫矿石的冶炼、硫酸等化工产品生产排放的废气。SO_2 是一种无色、易溶于水、有刺激性气味的气体,能通过呼吸进入气管、对局部组织产生刺激和腐蚀性作用,是诱发支气管炎等疾病的原因之一,特别是与烟尘等气溶胶共存时,可加重对呼吸黏膜的危害。

测定空气中 SO_2 常用的方法有分光光度法、紫外荧光光谱法、电导法、定电位电解法和气相色谱法。其中分光光度法操作简单、适用范围广,是实验室测定 SO_2 的常用方法。依据《环境空气 二氧化硫的测定 甲醛吸收-副玫瑰苯胺分光光度法》(HJ 482—2009),采用分光光度法测定空气中的 SO_2。

一、实验目的

1. 掌握甲醛吸收-副玫瑰苯胺分光光度法测定 SO_2 的原理。
2. 熟悉 SO_2 测定的实验方案和操作步骤。

二、实验原理

二氧化硫(SO_2)被甲醛缓冲溶液吸收后,生成稳定的羟甲基磺酸加成化合物,在样品溶液中加入氢氧化钠使加成化合物分解,释放出的 SO_2 与副玫瑰苯胺、甲醛作用,生成紫红色化合物,用分光光度计在波长 577 nm 处测量吸光度。

三、实验仪器

1. 分光光度计。
2. 空气采样器:用于短时间采样的普通空气采样器,流量范围 0.1～1 L/min,应具有保温装置。用于 24 h 连续采样的采样器应具备有恒温、恒流、计时、自动控制开关的功能,流量范围 0.1～0.5 L/min。
3. 多孔玻板吸收管:10 mL 多孔玻板吸收管,用于短时间采样;50 mL 多孔玻板吸收管,用于 24 h 连续采样。
4. 恒温水浴:0～40 ℃,控制精度为±1 ℃。
5. 具塞比色管:10 mL、50 mL。

四、实验试剂

1. 实验用水为新制备的蒸馏水或同等纯度的水。
2. 氢氧化钠溶液,$c(NaOH)=1.5$ mol/L:称取 6.0 g NaOH,溶于 100 mL 水中。
3. 环己二胺四乙酸二钠溶液,$c(CDTA-2Na)=0.05$ mol/L:称取 1.82 g 反式 1,2-环己二胺四乙酸(简称 CDTA),加入 1.5 mol/L 氢氧化钠溶液 6.5 mL,用水稀释至 100 mL。
4. 甲醛缓冲吸收贮备液:吸取 36%～38%的甲醛溶液 5.5 mL,20.00 mL 的 CDTA-2Na 溶液;称取 2.04 g 邻苯二甲酸氢钾,溶于少量水中;将三种溶液合并,再用水稀释至 100 mL,贮于冰箱可保存 1 年。
5. 甲醛缓冲吸收液:用水将甲醛缓冲吸收贮备液稀释 100 倍。临用时现配。

6. 氨磺酸钠溶液(6.0 g/L)：称取 0.60 g 氨磺酸(H_2NSO_3H)于 100 mL 烧杯中，加入 1.5 mol/L 氢氧化钠溶液 4.0 mL，搅拌至完全溶解后稀释至 100 mL，摇匀。此溶液密封可保存 10 d。

7. 碘贮备液，$c(1/2I_2)=0.10$ mol/L：称取 12.7 g 碘(I_2)于烧杯中，加入 40 g 碘化钾和 25 mL 水，搅拌至完全溶解，用水稀释至 1 000 mL，贮存于棕色细口瓶中。

8. 碘使用液，$c(1/2I_2)=0.010$ mol/L：量取碘贮备液 50 mL，用水稀释至 500 mL，贮于棕色细口瓶中。

9. 淀粉溶液(5.0 g/L)：称取 0.50 g 可溶性淀粉于 150 mL 烧杯中，用少量水调成糊状，慢慢倒入 100 mL 沸水，继续煮沸至溶液澄清，冷却后贮于试剂瓶中。临用现配。

10. 碘酸钾标准溶液，$c(1/6KIO_3)=0.100$ mol/L：准确称取 3.566 7 g 碘酸钾(KIO_3，优级纯，称量前 110 ℃ 干燥 2 h。)溶于水，移入 1 000 mL 容量瓶中，用水稀释至标线，摇匀。

11. 盐酸溶液，$c(HCl)=1.2$ mol/L：量取 100 mL 浓盐酸，加到 900 mL 水中。

12. 硫代硫酸钠标准贮备液，$c(Na_2S_2O_3)=0.10$ mol/L：称取 25.0 g 五水硫代硫酸钠($Na_2S_2O_3 \cdot 5H_2O$)，溶于 1 000 mL 新煮沸并已冷却的水中，加入 0.2 g 无水碳酸钠(Na_2CO_3)，贮于棕色细口瓶中，放置一周后备用。如溶液呈现混浊，必须过滤。

13. 硫代硫酸钠标准使用液，$c(Na_2S_2O_3)\approx 0.010$ mol/L：取 50.0 mL 标准贮备液置于 500 mL 容量瓶中，用新煮沸但已冷却的水稀释至标线，摇匀。碘量法标定其准确浓度。

标定方法：吸取三份 20.00 mL 碘酸钾标准溶液分别置于 250 mL 碘量瓶中，加入 70 mL 新煮沸但已冷却的水，加入 1.0 g 碘化钾，振摇至完全溶解后，加入 1.2 mol/L 盐酸溶液 10 mL，立即盖好瓶塞，摇匀。暗处放置 5 min 后，用硫代硫酸钠标准使用液滴定溶液至浅黄色，加 2 mL 淀粉溶液，继续滴定至蓝色刚好褪去为终点。硫代硫酸钠标准使用液的浓度按式(4-1)计算：

$$c=\frac{0.010\ 0\times 20}{V} \tag{4-1}$$

式中：c——硫代硫酸钠标准使用液的浓度，mol/L；

V——滴定所耗硫代硫酸钠标准使用液的体积，mL。

14. 乙二胺四乙酸二钠盐(EDTA-2Na)溶液(0.50 g/L)：称取 0.25 g 乙二胺四乙酸二钠盐($C_{10}H_{14}N_2O_8Na_2 \cdot 2H_2O$)溶于 500 mL 新煮沸但已冷却的水中，临用时现配。

15. SO_2 标准贮备液(1.0 g/L)：称取 0.20 g 亚硫酸钠(Na_2SO_3)，溶于 200 mL 上述 EDTA-2Na 溶液中，缓缓摇匀以防充氧，使其溶解，此溶液每毫升相当于 320~400 μg SO_2，放置 2~3 h 后，碘量法标定其准确浓度。

任务 1：碘量法标定 SO_2 标准贮备液过程是怎样的？

16. SO_2 标准使用液(1.00 μg/mL)：用甲醛吸收液将 SO_2 标准贮备液稀释成每毫升含 1.0 μg 的 SO_2 标准使用液。在 4~5 ℃ 下冷藏，可稳定 1 个月。

17. 盐酸副玫瑰苯胺(Pararosaniline,简称PRA,即副品红或对品红)贮备液(2.0 g/L): 称取0.20 g经提纯的盐酸副玫瑰苯胺,溶解于100 mL浓度为1.0 mol/L的盐酸中。

18. PRA标准使用液(0.50 g/L):吸取25.00 mL副玫瑰苯胺贮备液于100 mL容量瓶中,加入85%的浓磷酸30 mL、浓盐酸12 mL,用水稀释至标线,摇匀,放置过夜后使用。避光密封保存。

五、实验步骤

1. 校准曲线的绘制:取14支10 mL具塞比色管,分A、B两组,每组7支,分别对应编号。A组按表4-1配制标准系列。

表4-1 SO_2 标准系列

管号	0	1	2	3	4	5	6
SO_2 标准使用液(mL)	0	0.50	1.00	2.00	5.00	8.00	10.00
甲醛缓冲溶液(mL)	10.00	9.50	9.00	8.00	5.00	2.00	0
SO_2 含量(μg)	0	0.50	1.00	2.00	5.00	8.00	10.00

A组各管中分别加入0.5 mL氨磺酸钠溶液(6.0 g/L)和0.5 mL氢氧化钠溶液(1.5 mol/L)混匀。在B组各管中分别加入1.00 mL PRA标准使用液(0.5 g/L)。将编号对应A组和B组溶液迅速混合,并立即加塞混匀后放入恒温水浴装置中显色。显色温度与室温之差不应超过3 ℃。根据季节和环境条件,按表4-2选择合适的显色温度与显色时间。在波长577 nm处,用1 cm比色皿,以水为参比测量吸光度。以空白校正后各管的吸光度为纵坐标,以 SO_2 含量(μg)为横坐标绘制标准曲线,得到回归方程。

表4-2 SO_2 标准系列显色温度与显色时间对照表

显色温度(℃)	10	15	20	25	30
显色时间(min)	40	25	20	15	5
稳定时间(min)	35	25	20	15	10
试剂空白吸光度(A_0)	0.030	0.035	0.040	0.050	0.060

注意:显色温度低,显色慢,稳定时间长。显色温度高,显色快,稳定时间短。实验人员必须了解显色温度、显色时间和稳定时间的关系,严格控制反应条件。

2. 样品测定

(1)短时间采样:采用内装10 mL吸收液的多孔玻板吸收管,以0.5 L/min的流量采气45～60 min。吸收液温度保持在23～29 ℃的范围。采样结束后,将吸收管中的样品溶液移入10 mL比色管中,用少量甲醛吸收液洗涤吸收管,洗液倒入比色管中并稀释至10 mL标线。加入0.5 mL氨磺酸钠溶液(6.0 g/L),混匀,放置10 min以除去氮氧化物的干扰。以下步骤同校准曲线的绘制。

(2)24 h连续采样:用内装50 mL吸收液的多孔玻板吸收瓶,以0.2 L/min的流量连续采样 24 h。吸收液温度保持在 23~29 ℃ 的范围。采样结束后,将吸收瓶中样品移入 50 mL 容量瓶(或比色管)中,用少量甲醛吸收液洗涤吸收瓶后再倒入容量瓶(或比色管)中,并用甲醛吸收液稀释至标线。吸取适当体积的试样(视浓度高低而决定取 2~10 mL)于 10 mL 比色管中,再用甲醛吸收液稀释至标线,加入 0.5 mL 氨磺酸钠溶液(6.0 g/L),混匀,放置 10 min 以除去氮氧化物的干扰,以下步骤同校准曲线的绘制。

任务 2:空白样品如何处理?

(3) 当使用 10 mL 吸收液、采样体积为 30 L 时,测定空气中 SO_2 检出限为 0.007 mg/m³,测定下限为 0.028 mg/m³,测定上限为 0.667 mg/m³。当使用 50 mL 吸收液、采样体积为 288 L、试份为 10 mL 时,测定空气中 SO_2 的检出限为 0.004 mg/m³,测定下限为 0.014 mg/m³,测定上限为 0.347 mg/m³。

六、结果表示

空气中二氧化硫的质量浓度,按式(4-2)计算:

$$\rho(SO_2) = \frac{(A - A_0 - a)}{b \times V_r} \times \frac{V_t}{V_a} \tag{4-2}$$

式中:$\rho(SO_2)$——空气中二氧化硫的质量浓度,mg/m³;

A——样品溶液的吸光度;

A_0——试剂空白溶液的吸光度;

b——校准曲线的斜率,吸光度/μg;

a——校准曲线的截距;

V_t——样品溶液的总体积,mL;

V_a——测定时所取试样的体积,mL;

V_r——换算成参比状态下(298.15 K,1 013.25 hPa)的采样体积,L。

计算结果准确到小数点后三位。

思考、讨论和回答:空气中 SO_2 浓度高于测定上限时,如何处理?

七、注意事项

1. 样品采集、运输和贮存过程中应避免阳光照射。

2. 放置在室内的 24 h 连续采样器,进气口应连接符合要求的空气质量集中采样管路系统,以减少 SO_2 进入吸收瓶前的损失。

实验 3　空气中 NO_x 的测定

空气中的氮氧化物以一氧化氮(NO)、二氧化氮(NO_2)、三氧化二氮(N_2O_3)、四氧化二氮(N_2O_4)、五氧化二氮(N_2O_5)等多种形态存在,其中 NO_2 和 NO 是主要存在形态,为通常所指的氮氧化物(NO_x)。它们主要来源于化石燃料高温燃烧、硝酸和化肥等生成排放的废气以及汽车尾气。

NO 为无色、无臭、微溶于水的气体,在空气中易被氧化成 NO_2。NO_2 为棕红色,具有强刺激性臭味的气体,毒性比 NO 高 4 倍,是引起支气管炎、肺损害等疾病的有害物质。NO_2 是环境空气质量标准中的基本监测项目之一。

测定空气中 NO 和 NO_2 常用的方法有分光光度法、化学发光分析法,原电池库仑滴定法等,其中分光光度法操作简单、准确度高,是测定 NO_x 常用方法。依据《环境空气 氮氧化物(一氧化氮和二氧化氮)的测定 盐酸萘乙二胺分光光度法》(HJ 479—2009),采用分光光度法测定空气中的 NO_x。

一、实验目的

1. 掌握盐酸萘乙二胺分光光度法测定大气中 NO_x 的原理。
2. 掌握大气采样器的使用方法及注意事项。

二、实验原理

空气中氮氧化物(NO_x)包括 NO 和 NO_2,NO_2 被串联的第一支吸收瓶中的吸收液吸收反应生成粉红色偶氮染料。NO 不与吸收液反应,通过含有酸性高锰酸钾溶液被氧化成 NO_2 后,被串联的第二支吸收瓶中的吸收液吸收并反应生成粉红色偶氮染料。生成的偶氮染料在波长 540 nm 处的吸光度与二氧化氮的含量成正比。分别测定第一支和第二支吸收瓶中样品的吸光度,计算两支吸收瓶内 NO_2 和 NO 浓度,二者之和即为 NO_x 的质量浓度(以 NO_2 计)。

任务 1:根据实验原理,写出吸收和显色反应的方程式?

三、实验仪器

1. 分光光度计。
2. 空气采样器
(1) 便携式空气采样器:流量范围 0.1~1.0 L/min。采样流量为 0.4 L/min 时,相对误差小于±5%。

(2) 恒温自动连续空气采样器:采样流量为 0.2 L/min 时,相对误差小于±5%。

3. 吸收瓶:可装 10 mL、25 mL 或 50 mL 吸收液的多孔玻板吸收瓶,液柱高度不低于 80 mm。

4. 氧化瓶:可装 5 mL、10 mL 或 50 mL 酸性高锰酸钾溶液的洗气瓶,液柱高度不能低于 80 mm。使用后,用盐酸羟胺溶液浸泡洗涤。

5. 具塞比色管:10 mL、50 mL。

四、实验试剂

1. 酸性高锰酸钾溶液(25 g/L),称取 25.0 g 高锰酸钾于 1 000 mL 烧杯中,加入 500 mL 水,稍微加热使其全部溶解,然后加入 1 mol/L 硫酸溶液(15 mL 浓硫酸缓缓加入 500 mL 水中)500 mL,搅拌均匀,贮于棕色试剂瓶中。

2. N-(1-萘基)乙二胺盐酸盐储备液(1.0 g/L):称取 0.50 g N-(1-萘基)乙二胺盐酸盐[$C_{10}H_7NH(CH_2)_2NH_2 \cdot 2HCl$]于 500 mL 容量瓶中,用水稀释至刻度。此溶液贮于密闭棕色瓶中冷藏,可稳定三个月。

3. 显色液:称取 5.0 g 对氨基苯磺酸($NH_2C_6H_4SO_3H$)溶解于 200 mL 热水中,冷却至室温后转移至 1 000 mL 容量瓶中,加入 50.0 mL N-(1-萘基)乙二胺盐酸盐储备液和 50 mL 冰乙酸,用水稀释至标线。此溶液贮于密闭的棕色瓶中,25 ℃以下暗处存放可稳定三个月。若呈现淡红色,应弃之重配。

4. 吸收液:使用时将显色液和水按 4∶1(V∶V)比例混合而成。

5. 亚硝酸钠标准储备液:称取 0.375 0 g 优级纯亚硝酸钠($NaNO_2$),预先在干燥器放置 24 h)溶于水,移入 1 000 mL 容量瓶中,用水稀释至标线。此溶液为每毫升含 250 μg NO_2^-,贮于棕色瓶中于暗处存放,可稳定三个月。

6. 亚硝酸钠标准使用溶液:吸取亚硝酸钠标准储备液 1.00 mL 于 100 mL 容量瓶中,用水稀释至标线。此溶液每毫升含 2.5 μg NO_2^-,临用前配制。

五、采样

1. 短时间采样(1 h 以内):取两支内装 10.0 mL 吸收液的多孔玻板吸收瓶和一支内装 5~10 mL 酸性高锰酸钾溶液的氧化瓶(液柱高度不低于 80 mm),用尽量短的硅橡胶管将氧化瓶串联在二支吸收瓶之间以 0.4 L/min 流量采气 4~24 L。

2. 长时间采样(24 h):取两支大型多孔玻板吸收瓶,装入 25.0 mL 或 50.0 mL 吸收液(液柱高度不低于 80 mm),标记液面位置。取一支内装 50 mL 酸性高锰酸钾溶液的氧化瓶,将吸收液恒温在 20±4 ℃,以 0.2 L/min 流量采气 288 L。

六、实验步骤

1. 标准曲线的绘制：取 6 支 10 mL 具塞比色管，按表 4-3 配制 NO_2^- 标准溶液色列。

表 4-3　NO_2^- 标准溶液色列

管号	0	1	2	3	4	5
亚硝酸钠标准使用溶液(mL)	0	0.40	0.80	1.20	1.60	2.00
水(mL)	2.00	1.60	1.20	0.80	0.40	0
显色液(mL)	8.00	8.00	8.00	8.00	8.00	8.00
NO_2^- 浓度(μg/mL)	0	0.10	0.20	0.30	0.40	0.50

将各管溶液混匀，于暗处放置 20 min（室温低于 20 ℃ 时放置 40 min 以上），用 1 cm 比色皿于波长 540 nm 处，以水为参比测量吸光度。以扣除 0 号管的吸光度为纵坐标，对应 NO_2^- 的质量浓度（μg/mL）为横纵标，绘制标准曲线得到回归线性方程。

2. 采样：吸取 10.0 mL 吸收液于多孔玻板吸收管中，以 0.5～1.0 mL/min 流量采气 8～24 L。在采样的同时，应记录现场温度和大气压力（注意仪器连接）。

任务 2：画出采样时仪器和设备连接的示意图。

3. 空白试验：取实验室内未经采样的空白吸收液，用 1 cm 比色皿，在波长 540 nm 处，以水为参比测定吸光度。空白吸光度 A_0 在显色规定条件下波动范围不超过 ±15%。

4. 样品测定：采样后放置 20 min（室温 20 ℃ 以下放置 40 min 以上）后，用水将吸收管中吸收液的体积补充至标线，混匀，按照绘制标准曲线的方法测定样品溶液的吸光度。若样品的吸光度超过标准曲线的上限，应用实验室空白试液稀释，再测定其吸光度，但稀释倍数不得大于 6。

七、结果表示

1. 空气中 NO_2 质量浓度（mg/m³）按式（4-3）计算：

$$\rho_{NO_2} = \frac{(A_1 - A_0 - a) \times V \times D}{b \times f \times V_r} \tag{4-3}$$

2. 空气中 NO 质量浓度（mg/m³）按式（4-4）计算：

$$\rho_{NO} = \frac{(A_2 - A_0 - a) \times V \times D}{b \times f \times k \times V_r} \tag{4-4}$$

3. 空气中 NO_x 质量浓度（mg/m³）按式（4-5）计算：

$$\rho_{NO_x} = \rho_{NO_2} + \rho_{NO} \tag{4-5}$$

以上式中：A_1、A_2——串联的第一支和第二支吸收瓶中样品的吸光度；

A_0——实验室空白的吸光度;

b——标准曲线的斜率,吸光度·mL/μg;

a——标准曲线的截距;

V——采样用吸收液体积,mL;

V_r——换算为参比状态(298.15 K,1 013.25 hPa)的采样体积,L;

k——NO→NO_2 氧化系数,0.68;

D——样品的稀释倍数;

f——Saltzman 实验系数,0.88(空气中 NO_2 浓度高于 0.72 mg/m³ 时取 0.77)。

讨论、思考和回答:计算 NO_2 和 NO 质量浓度时为什么要除以 Saltzman 实验系数?

实验4 公共场所室内空气中甲醛的测定

甲醛是一种无色、具有刺激性且易溶于水的气体。它有凝固蛋白质的作用,其 35%～40%的水溶液通称为福尔马林,常作为浸渍标本的溶液。空气中的甲醛来源主要分为两种。

室外源主要是工业废气、汽车尾气、光化学烟雾等,在一定程度上均可排放或产生一定量的甲醛,但是这一部分占比很少。据有关报道显示城市空气中甲醛的年平均浓度为 0.005～0.01 mg/m³,一般不超过 0.03 mg/m³,这部分气体有时可进入室内,是构成室内甲醛污染的一个来源。

室内甲醛主要来自人造板材,人造板材在生产过程中需要使用脲醛树脂作为胶黏剂,其工艺要求添加过量甲醛,导致人造板材在使用过程中遇热或潮解时就会释放游离甲醛。作为隔热材料的 UF 泡沫在光和热的作用下老化,释放出甲醛。此外,含甲醛的涂料、化纤地毯、化妆品、室内吸烟均是室内甲醛的来源。

甲醛对人体健康的影响主要表现在嗅觉异常、刺激、过敏、肺功能异常、免疫功能异常等方面。当室内空气中甲醛含量为 0.1 mg/m³ 时就会有异味和不适感,0.5 mg/m³ 时可刺激眼睛引起流泪,0.6 mg/m³ 时引起咽喉不适或疼痛,浓度再高可引起恶心、呕吐、咳嗽、胸闷、气喘甚至肺气肿。长期低浓度接触甲醛气体,可出现头痛、头晕、乏力等症状;浓度较高时,对黏膜、上呼吸道、眼睛和皮肤具有强烈刺激性,对神经系统、免疫系统、肝脏等产生毒害。

空气中甲醛的测定方法主要有酚试剂分光光度法、乙酰丙酮分光光度法、气相色谱法、离子色谱法。分光光度法由于不需要使用大型分析设备较为常用,其中酚试剂分光光度法灵敏度高,乙酰丙酮分光光度法选择性好。下面依据《公共场所卫生检验方法 第2部分:化学污染物》(GB/T 18204.2—2014),采用灵敏度较高的酚试剂分光光度法对室内空气中甲醛进行采集和测定。

一、实验目的

1. 加深对酚试剂分光光度法测定甲醛的理解。
2. 熟练掌握分光光度计的操作方法。
3. 掌握空气中甲醛外标法定量。

二、方法原理

空气中的甲醛与酚试剂(MBTH 盐酸盐,$C_8H_9N_3S \cdot HCL \cdot H_2O$)反应生成嗪,嗪在酸性溶液中被高铁离子氧化形成蓝绿色化合物。根据颜色深浅,使用分光光度计在波长 630 nm 处外标法比色定量。

任务 1:根据方法原理和实验步骤,采样中用什么作为吸收液?在多大波长处测定?

三、实验试剂

本法中所用水均为重蒸馏水或去离子交换水,所用的试剂纯度一般为分析纯。

1. 标准试剂

(1) 甲醛标准贮备液:取 2.8 mL 含量为 36%~38%市售甲醛溶液,放入 1 L 容量瓶中,加水稀释至刻度。此溶液 1 mL 约相当于 1 mg 甲醛。其准确浓度需要进行标定。也可直接购买甲醛标准样品,则无需标定。

(2) 甲醛标定所需溶液

①0.1000 mol/L 碘溶液[$c(1/2I_2)=0.1000$ mol/L]:称量 40 g 碘化钾,溶于 25 mL 水中,加入 12.7 g 碘。待碘完全溶解后,用水定容至 1 000 mL。移入棕色瓶中,暗处贮存。

②硫代硫酸钠标准溶液[$c(Na_2S_2O_3)=0.1000$ mol/L]:使用间接配制法配制,称量 25 g 硫代硫酸钠($Na_2S_2O_3 \cdot 5H_2O$),溶于 1 000 mL 新煮沸并已放冷的水中。加入 0.2 g 无水碳酸钠,贮存于棕色瓶内,放置一周后标定其准确浓度。

③1 mol/L 氢氧化钠溶液:称量 40 g 氢氧化钠,溶于水中,并稀释至 1 000 mL。

④0.5 mol/L 硫酸溶液:取 28 mL 浓硫酸缓慢加入水中,冷却后,稀释至 1 000 mL。

⑤0.5%淀粉溶液:将 0.5 g 可溶性淀粉,用少量水调成糊状后,再加入 100 mL 沸水,并煮沸 2~3 min 至溶液透明。冷却后,加入 0.1 g 水杨酸或 0.4 g 氯化锌保存。

(3) 硫代硫酸钠标准溶液标定所需溶液

①0.1 mol/L 盐酸溶液:量取 82 mL 浓盐酸加水稀释至 1 000 mL。

②碘酸钾标准溶液:[$c(1/6KIO_3)=0.1000$ mol/L]:准确称量 3.566 7 g 经 105 ℃烘干 2 h 的碘酸钾(优级纯),溶解于水,移入 1 L 容量瓶中,再用水定容至 1 000 mL。

(4) 甲醛标准使用液:临用时,将甲醛标准贮备溶液用水稀释成 10 μg/mL 甲醛溶液,立即取此溶液 10.00 mL,加入 100 mL 容量瓶中,加入 5 mL 吸收原液,用水定容至 100 mL,此液 1.00 mL 含 1.00 μg 甲醛,放置 30 min 后,用于配制标准系列。此标准溶液可稳定 24 h。

2. 酚试剂吸收液

(1) 吸收液原液:称量 0.10 g 酚试剂,加水溶解,置于 100 mL 容量瓶中,加水至刻度。放冰箱中保存,可稳定三天。

(2) 吸收液使用液:量取吸收原液 5 mL 定容至 100 mL,即为吸收液。采样时,临用现配。

3. 显色液

1%硫酸铁铵溶液:称量 1.0 g 硫酸铁铵[$NH_4Fe(SO_4)_2 \cdot 12H_2O$]用 0.1 mol/L 盐酸溶解,并稀释至 100 mL。

四、仪器设备

1. 大型气泡吸收管:10 mL 规格气泡吸收管若干。
2. 大气恒流采样器:流量范围 0~1 L/min,流量可调,恒流误差小于±5%设定值。
3. 具塞比色管:10 mL 具塞比色管若干。
4. 分光光度计。
5. 滴定管等实验室其他常用设备仪器。

五、实验步骤

1. 标定(如直接购买甲醛标准样品,则不需要进行本步骤)

(1) 甲醛标准贮备液标定

精确量取 20.00 mL 待标定的甲醛标准贮备溶液,置于 250 mL 碘量瓶中。加入 20.00 mL 0.1 mol/L 碘溶液和 15 mL 1 mol/L 氢氧化钠溶液(摇动下逐滴加入,至颜色明显减弱褪至淡黄色),放置 15 min。加入 20 mL 0.5 mol/L 硫酸溶液,再放置 15 min,用硫代硫酸钠溶液滴定,至溶液呈现淡黄色时,加入 1 mL 0.5%淀粉溶液继续滴定至恰使蓝色褪去为止,记录所用硫代硫酸钠溶液体积(V_2,mL)。同时用水作试剂空白滴定,记录空白滴定所用硫代硫酸钠标准溶液的体积(V_1,mL)。

甲醛标准贮备液的浓度用式(4-6)计算:

$$甲醛标准贮备液浓度(mg/mL) = \frac{(V_1 - V_2) \times c_1 \times 15}{20} \quad (4-6)$$

式中:V_1——试剂空白消耗[$c(Na_2S_2O_3) = 0.1000$ mol/L]硫代硫酸钠溶液的体积,mL;

V_2——甲醛标准贮备溶液消耗[$c(Na_2S_2O_3) = 0.1000$ mol/L]硫代硫酸钠溶液的体积,mL;

c_1——硫代硫酸钠溶液的准确物质的量浓度,mol/L;

15——甲醛的当量;

20——所取甲醛标准贮备溶液的体积,mL。

(2) 硫代硫酸钠溶液的标定

精确量取 25.00 mL 碘酸钾标准溶液[$c(1/6KIO_3)$=0.100 0 mol/L]于 250 mL 碘量瓶中,加入 75 mL 新煮沸后冷却的水,加 3 g 碘化钾及 10 mL 0.1 mol/L 盐酸溶液,摇匀后放入暗处静置 3 min。用硫代硫酸钠标准溶液滴定析出的碘,至淡黄色,加入 1 mL 0.5%淀粉溶液呈蓝色。再继续滴定至蓝色刚刚褪去,即为终点。

记录所用硫代硫酸钠溶液体积,其浓度用式(4-7)计算:

$$硫代硫酸钠标准溶液浓度(mol/L)c_1 = \frac{0.100\,0 \times 25.00}{V} \tag{4-7}$$

式中:V——滴定所消耗硫代硫酸钠溶液体积,mL。

平行滴定两次,所用硫代硫酸钠溶液相差不能超过 0.05 mL,否则应重新做平行测定。

思考、讨论和回答 1:为什么需要对硫代硫酸钠进行标定?使用碘酸钾作为基准物质进行标定的优点是什么?(提示:结合分析化学中硫代硫酸钠标准溶液的间接配制法相关内容)

2. 样品采集与保存

用一个内装 5 mL 吸收液的大型气泡吸收管,以 0.5 L/min 流量,采气 10 L。记录采样点的温度和大气压力。采样后样品在室温下应在 24 h 内分析。

空白样:在一批现场采样中,应留有一个采样管不采样,并按其他样品管一样对待,作为空白样。

任务 2:完成表 4-5 中采样现场温度、压力、采样流速和采样时间的记录。

3. 标准曲线的绘制

取 9 支 10 mL 具塞比色管,参考表 4-4 用甲醛标准贮备液制备甲醛标准系列溶液,各管中加入 0.4 mL 1%硫酸铁铵溶液,摇匀。放置 15 min。用 1 cm 比色皿,在波长 630 nm 下,以水作参比,测定各管溶液的吸光度。以甲醛含量为横坐标,吸光度为纵坐标,绘制曲线,并计算回归线斜率,以斜率倒数作为样品测定的计算因子 B_g(μg/吸光度)。

任务 3:根据甲醛贮备液准确浓度计算各比色管中甲醛实际含量,并测定吸光度,填入表 4-4 中。

甲醛标准贮备液准确浓度:_____ mg/mL

表 4-4 甲醛标准系列溶液含量和吸光度

管号	0	1	2	3	4	5	6	7	8
标准溶液/mL	0.00	0.10	0.20	0.40	0.60	0.80	1.00	1.50	2.00
吸收液/mL	5.00	4.90	4.80	4.60	4.40	4.20	4.00	3.50	3.00

续表

管号	0	1	2	3	4	5	6	7	8
甲醛实际含量/μg									
吸光度									
校正吸光度									

注：校正吸光度是指扣除0号管和比色皿后的吸光度。

标准曲线方程：_____，相关系数 $r=$ _____，计算因子 B_g（斜率倒数）= _____ 。

4. 样品测定

采样后，将样品溶液全部转入比色管中，用少量吸收液洗吸收管，合并使总体积为 5 mL。在与标准系列溶液测定相同条件下测定吸光度(A)；在每批样品测定的同时，用 5 mL 未采样的吸收液作试剂空白，测定试剂空白的吸光度(A_0)。

思考、讨论和回答 2：分光光度计在测定吸光度之前需要做哪些准备工作？（仪器分析中分光光度的使用注意事项）

5. 结果计算与表示

空气中甲醛浓度按式(4-8)计算：

$$空气中甲醛浓度(\text{mg/m}^3) = \frac{(A - A_0) \times B_g}{V_s} \qquad (4-8)$$

式中：A——样品溶液的吸光度；

A_0——空白溶液的吸光度；

B_g——由标准曲线得到的计算因子，μg/吸光度；

V_s——换算成标准状态下的采样体积，L。

六、数据记录与处理

实验过程中，将测得数据如实填入表4-5中。

表 4-5　空气中甲醛检测记录表

采样点号/样品号	采样点温度/℃	采样点气压/kPa	采样流速/(mL/min)	采样体积(V_0)/L	校正体积(V_s)/L	吸光度(A)	扣除空白($A-A_0$)	甲醛浓度(mg/m³)
空白样							0.000	

七、质量保证和控制

（1）测定干扰与排除

空气中的二氧化硫会造成本法测定结果偏低,若与二氧化硫共存时,可将气样先通过硫酸锰滤纸过滤器予以排除。

（2）绘制标准曲线时与样品测定时温差不超过 2 ℃。

拓展阅读：空气中甲醛限值与测定方法对比

根据监测目的不同,甲醛的浓度限值和测定方法在不同的场合适用不同标准,浓度限值和测定方法比较如表 4-6 所示。

表 4-6　不同场合空气中甲醛含量限值及测定方法比较

适用场合/监测目的	浓度限值标准	限值	测定方法及依据标准	测定范围
室内环境监测	《室内空气质量标准》(GB/T 18883—2022)	0.08 mg/m³	1、酚试剂分光光度法(GB/T 16129—1995) 2、酚试剂分光光度法(GB/T 18204.2—2014) 3、乙酰丙酮分光光度法(GB 15516—1995)	1、0.01～0.16 mg/m³(20 L空气) 2、0.01～0.15 mg/m³(10 L空气) 3、0.5～800 mg/m³(0.5～10 L空气)
	民用建筑验收标准：《民用建筑工程室内环境污染控制标准》(GB 50325—2020)	Ⅰ类：0.07 mg/m³ Ⅱ类：0.08 mg/m³	1、AHMT 分光光度法(GB/T 16129—1995) 2、酚试剂分光光度法(GB/T 18204.2—2014) 3、气相色谱法(GB/T 18204.2—2014)	1、0.01～0.16 mg/m³(20 L空气) 2、0.01～0.15 mg/m³(10 L空气) 3、0.02～1 mg/m³(20 L空气)
职业卫生	《工作场所有害因素职业接触限值　第1部分：化学有害因素》(GBZ 2.1—2019)	最高允许浓度：0.5 mg/m³	酚试剂分光光度法(GBZ/T 300.99—2017)	测定下限：0.07 mg/m³(3 L空气)
有组织排放监测	《大气污染物综合排放标准》(GB 16297—1996)	最高允许排放浓度：30 mg/m³ 周界外浓度限值：0.25 mg/m³	溶液吸收-高效液相色谱法(HJ 1153—2020)	测定下限：0.04 mg/m³(20 L空气)

实验 5　空气中总挥发性有机物的测定

挥发性有机物(volatile organic compounds, VOCs)是指室温下饱和蒸气压超过了 133.32 Pa 的有机物,其沸点在 50～250 ℃,在常温下可以蒸发的形式存在于空气中,对人体产生影响。VOCs 一般可分为 8 类,包括烷类、芳烃类、烯类、卤烃类、酯类、醛类、酮类和其他等,能够对人体的呼吸系统、心血管系统及神经系统产生较大的影响,甚至有些还会致癌。VOCs 和氮氧化物等在紫外光照的作用下,发生一系列光化学反应,生成臭氧、二次气溶胶等污染物,引起对流层臭氧和气溶胶增加,从而带来一系列环境问题。本实验主要参照《环境空气 挥发性有机物的测定 罐采样/气相色谱-质谱法》(HJ 759—2015)。

一、适用范围

罐采样/气相色谱-质谱法适用于环境空气中丙烯等 67 种挥发性有机物的测定。当取样量为 400 mL 时,全扫描模式下本方法的检出限为 0.2~2 $\mu g/m^3$,测定下限为 0.8~8.0 $\mu g/m^3$。

二、实验原理

用内壁惰性化处理的不锈钢罐采集环境空气样品,经冷阱浓缩、热解析后,进入气相色谱分离,用质谱检测器进行检测。通过与标准物质质谱图和保留时间比较定性,内标法定量。

三、仪器与试剂

1. 气体

标准使用气(10 nmol/mol)、内标标准气使用气(100 nmol/mol)、4-溴氟苯标准使用气(100 nmol/mol)、氦气、高纯氮气、高纯空气、液氮。

2. 仪器

气相色谱-质谱联用仪、毛细管色谱柱、气体冷阱浓缩仪、浓缩仪自动进样器、罐清洗装置、气体稀释装置、采样罐、液氮罐、流量控制器、压力表、过滤器。

四、实验步骤

1. 采样前准备:罐清洗后,将采样罐抽至真空,待用。
2. 样品采集
(1) 瞬时采样

将清洗后并抽成真空的采样罐带至采样点,安装过滤器后,打开采样罐阀门开始采样,在罐内压力与采样点大气压力一致后,关闭阀门,用密封帽密封。记录采样时间、地点、温度、湿度、大气压,具体参见 HJ 194—2017。

思考、讨论和回答 1:测定室内空气中挥发性有机物,采样有什么注意事项?

思考、讨论和回答 2:VOCs 采样后在运输保存过程中需要注意哪些问题?

(2) 样品制备

实际样品分析前需使用真空压力表测定罐内压力,若罐内压力小于 83 kPa,需用高纯氮气加压至 101 kPa,并计算稀释倍数 f。

3. 仪器测定参考条件

气相色谱参考条件:程序升温,初始温度 35 ℃,保持 5 min 后,以 5 ℃/min 速度升温至 150 ℃,保持 7 min 后,以 10 ℃/min 速度升温至 200 ℃,保持 4 min。进样口温度 140 ℃,溶剂延迟时间 5~6 min,载气流速 1.0 mL/min。

质谱参考分析条件:接口温度 250 ℃,离子源温度 230 ℃,扫描方式为 EI 全扫描或选择离子扫描。

4. 绘制校准曲线

分别抽取 50.0 mL、100.0 mL、200.0 mL、400.0 mL、600.0 mL、800.0 mL 标准使用气,同时加入 50.0 mL 内标标准使用气,配制目标物浓度分别为 1.25 nmol/mol、2.5 nmol/mol、5.0 nmol/mol、10.0 nmol/mol、15.0 nmol/mol、20.0 nmol/mol,内标物浓度为 12.5 nmol/mol。依次从低浓度向高浓度进样测定。按照式(4-9)计算目标物的相对响应因子(RRF),按式(4-10)计算目标物全部标准浓度点的平均相对响应因子($\overline{RRF}$)。

$$RRF = \frac{A \times B}{C \times D} \quad (4-9)$$

式中:RRF——目标物的相对响应因子,无量纲;
A——目标化合物的定量离子峰面积;
B——内标化合物的摩尔分数,nmol/mol;
C——内标化合物的定量离子峰面积;
D——目标化合物的摩尔分数,nmol/mol。

$$\overline{RRF} = \frac{\sum_{i=1}^{n} RRF_i}{n} \quad (4-10)$$

式中:$\overline{RRF}$——目标物的平均相对响应因子;
RRF_i——标准系列中第 i 点目标物的相对响应因子;
n——标准系列点数。

5. 样品的测定

将制备好的样品连接至气体冷阱浓缩仪,取 400 mL 样品浓缩分析,同时加入 50.0 mL 内标标准使用气,按照仪器参考条件进行测定。

五、结果计算

采用平均相对响应因子进行定量计算,样品中目标物的含量按式(4-11)进行计算:

$$X = \frac{A \times B \times M \times f}{C \times \overline{RRF} \times 22.4} \tag{4-11}$$

式中：X——样品中目标物的浓度，$\mu g/m^3$；

A——样品中目标物的定量离子峰面积；

B——样品中内标物的摩尔分数，$nmol/mol$；

C——样品中内标物的定量离子峰面积；

$\overline{RRF}$——目标物的平均相对响应因子；

f——稀释倍数；

M——目标物的摩尔质量，g/mol；

22.4——标准状态下气体的摩尔体积，L/mol。

实验6　空气中苯系物的测定

苯系物是指苯和苯的衍生物，是常见的污染物质，对人体健康有较大危害，部分苯系物也能够导致光化学烟雾。空气中的苯系物来源广泛，工业排放、交通尾气、装修装饰材料中的有机溶剂等均是污染来源。广义上的苯系物应包含所有芳香族化合物，种类繁多，考虑到危害程度和监测工作的可操作性，现行空气中苯系物的测定标准主要针对苯、甲苯、乙苯、邻二甲苯、间二甲苯、对二甲苯、异丙苯和苯乙烯这几种具有一定挥发性，且危害较大的典型苯系物。

空气中苯系物的测定方法为气相色谱法，但根据空气中苯系物的富集方法不同，可分为活性炭吸附二硫化碳脱附气相色谱法和热脱附进样气相色谱法这两种方法。前者灵敏度不高，但采用液体进样法不需要特殊的进样设备，一次采样可多次分析。后者采用Tenax吸附剂对空气中的苯系物进行富集，再通过热脱附仪进样器进样，此方法灵敏度高，不需要使用二硫化碳这种有机试剂，但一次采样只能供一次分析，所以在不能确定样品浓度的时候需要多次采样。

下面主要依据《环境空气　苯系物的测定　固体吸附/热脱附-气相色谱法》(HJ 583—2010)采用热脱附进样气相色谱法进行空气中苯系物的采集和测定。

一、实验目的

1. 加深对热脱附进样气相色谱法原理的理解。
2. 掌握热脱附仪和气相色谱仪的操作方法。
3. 掌握空气中苯系物定性及定量方法。

二、方法原理

用填充了 60/80 目 2,6-二苯基对苯醚(Tenax)的采样管,通过恒流大气采样器在常温条件下富集环境空气或室内空气中的苯系物,采样完毕后,采样管装入热脱附仪进行热脱附,由载气携带脱附成分进入气相色谱柱分离,氢火焰离子化检测器(FID)检测。保留时间定性,峰面积定量,进行外标法分析。

三、实验试剂

1. 标准系列溶液

所用试剂均应为符合国家标准的色谱纯化学试剂。

(1) 标准贮备液:取适量苯、甲苯、乙苯、邻二甲苯、间二甲苯、对二甲苯、异丙苯和苯乙烯至一定体积的甲醇中,制成混标。也可使用有证标准溶液。

(2) 标准系列溶液:分别取适量浓度标准贮备液,用甲醇稀释至 1.00 mL,使其中单组分浓度依次为 5.0 μg/mL、10.0 μg/mL、20.0 μg/mL、50.0 μg/mL、100.0 μg/mL,制成标准系列溶液。

2. 标准系列气体

可使用苯系物标准气体制备标准系列气体,使用氮气分别将其稀释至 2 ppb、5 ppb、10 ppb、20 ppb、50 ppb,之后分别进行热脱附进样。

四、仪器设备

1. 采样仪器和设备

(1) 恒流大气采样器:无油泵,能在 0.01~0.1 L/min 和 0.1~0.5 L/min 范围内精确保持流量。

(2) Tenax 吸附管:可以购买成品吸附管或自行填充。使用前后均需要进行老化,老化条件为 350 ℃通高纯载气 30 min 以上,载气流速为 50 mL/min。初次使用前需老化 2 h。老化后的采样管应立即用聚四氟乙烯帽密封,置于密封袋或保护管中保存。密封袋和保护管存放于装有活性炭的盒子或干燥器中,4 ℃保存,两周内可使用。

2. 气相色谱仪

(1) 热脱附进样器(二级):能够满足最高温度 350 ℃,恒定维持,有老化功能。与色谱仪连接的传输线应能保持 150 ℃以上温度。按以下参数设置脱附程序:

聚焦管初始温度:40 ℃;干吹:40 ℃,2 min;脱附:250 ℃,3 min;脱附流量:30 mL/min;

(2) 微量进样器:容量为 1~5 μL 的微量进样器若干个,用于向采样管中加入标准系列溶液制备标准系列样品,体积刻度误差应校正。

思考、讨论和回答 1：为什么制备标准系列样品时，要向采样管中分别加入标准系列溶液或标准系列气体，而非直接注入气相色谱仪？（提示：从吸附剂对被吸附气体的脱附率考虑。）

（3）色谱柱：采用毛细管色谱柱，固定液为聚乙二醇（PEG-20M），30 m×0.32 mm，膜厚 1.00 μm 或等效毛细管柱。

（4）检测器：氢火焰离子化检测器。

（5）推荐分析参数：

柱温：80 ℃，恒温；柱流量：3.0 m/min；进样口温度：150 ℃；检测器温度：150 ℃；尾吹气流量：30 mL/min；氢气流量：40 mL/min；空气流量：400 mL/min。

3. 温度计：精度 0.1 ℃。

4. 气压表：精度 0.01 kPa。

5. 其他：1 mL 具塞比色管若干及实验室常用仪器和设备。

五、实验步骤

1. 样品采集

（1）采样前应对采样管进行流量校准。在采样现场，将一只采样管与空气采样装置相连，调整采样装置流量。此采样管仅作为调节流量用，不用做采样分析。

（2）常温下，将老化后的采样管去掉两侧的聚四氟乙烯帽，按照采样管上流量方向与采样器相连（如无标记应自行标记气体吸入方向），检查采样系统气密性。以 10～200 mL/min 的流量采集空气 10～20 min（如无经验数据，可采 1 L）。若现场大气中含有较多颗粒物，可在采样管前连接滤头。记录采样器流量、当前温度和气压。

思考、讨论和回答 2：为什么要对采样体积进行校正？（提示：从温度和气压对气体体积影响方面考虑。）

（3）采样完毕前，再次记录流量，与采样开始前流量对比，若相对偏差大于 10%，应重测。采样完毕后取下采样管，立即用聚四氟乙烯帽密封。

（4）空白样采集

将老化后的采样管运输到采样现场，取下聚四氟乙烯帽后重新密封，不参与样品采集，并同已采集的样品管一同存放。每次采集样品，都应至少带一个现场空白样品。

2. 样品保存

采样管采样后，立即用聚四氟乙烯帽将采样管两端密封，4 ℃ 避光密闭保存，30 d 内分析。

3. 标准曲线的绘制

（1）标准系列样品采样管的制备

将老化过的吸附管安装于热脱附仪中，使用微量进样器分别取 1.0 μL 制备好的标准样品系列溶液通过热脱附仪的标准物质进样口（温度 50 ℃）注入吸附管中，用 100 mL/min 的流量通载气 5 min，迅速取下采样管，用聚四氟乙烯帽将采样管两端密封，标记进样方向。分别得到装有 5 ng、10 ng、20 ng、50 ng、100 ng 标准曲线系列样品的采样管。

若使用标准气体,则可直接向吸附管中通过热脱附仪进样口注入得到标准系列采样管。

(2) 热脱附进样

将吸附管按吸附标准溶液时载气气流相反方向连接入热脱附仪,检查连接管路气密性后,按设定好的程序进行标准系列样品的热脱附,从热脱附仪显示进样字样后开始采集气相色谱仪检测器信号。以各组分含量为横坐标(ng),以各组分峰面积为纵坐标,得到各组分测定标准曲线。标准曲线采用中间浓度进行校核,相对误差不应大于 20%,否则应重新绘制。

思考、讨论和回答 3:为什么在热脱附进样时需要确保吸附管安装方向与制备时方向相反?(提示:从增加脱附率角度考虑。)

4. 样品分析

任务 1:

将装有样品的吸附管按与采样气体流经方向_____的方向装入热脱附仪,检查连接管路气密性后,按设定好的程序进行样品的热脱附,从热脱附仪显示进样字样后开始采集气相色谱仪检测器信号,样品经色谱柱分离后由 FID 监测,比对标准样品谱图____定性,峰面积带入标准曲线定量。

5. 结果计算与表示

气体中目标化合物的浓度,按式(4-12)进行计算:

$$\rho = \frac{W - W_0}{V_s \times 1\,000} \tag{4-12}$$

式中:ρ——气体中被测组分质量浓度,mg/m³;

W——热脱附进样,由标准曲线计算得到的被测组分质量,ng;

W_0——由标准曲线计算的空白管中被测组分的质量,ng;

V_s——标准状态下(101.325 kPa,273.15 K)的采样体积,L。

结果表示:当测定结果小于 0.1 mg/m³ 时,保留到小数点后四位;大于等于 0.1 mg/m³ 时,保留三位有效数字。

思考、讨论和回答 4:如果在进行标准系列分析时,出现对二甲苯和邻二甲苯峰形正常,但分离度差的情况,应如何解决?

六、质量保证和控制

1. 测定干扰与排除

主要污染来自 Tenax 吸附管的样品残留,采样前应充分老化采样管,以去除样品残留,残留量应小于标准系列最低点的 1/4。

2. 每批样品至少采集一组平行样品,平行样品采集流量为样品采集流量的 20%~

40%,采样体积相同。平行样品中目标化合物的检出量相对偏差应小于25%,否则应减少样品采样流量。如减少后相对偏差仍大于25%,应更换采样管。

3. 每批样品至少采集一个第二采样管。第二采样管应串联在样品采样管后,其目标化合物检出量应小于样品采样管中目标化合物检出量的20%,否则应更换采样管或减少采样体积。

拓展阅读:空气中苯系物限值与测定方法比较

根据监测目的不同,苯系物的浓度限值和测定方法在不同的场合适用不同标准,组分浓度限值和测定方法比较如表4-7所示。

表4-7 空气中苯系物浓度限值及测定方法比较

适用场合/监测目的	浓度限值标准	限值	测定方法及依据标准	测定范围
室内环境监测	《室内空气质量标准》(GB/T 18883—2022)	苯≤0.03 mg/m³ 甲苯≤0.2 mg/m³ 二甲苯≤0.2 mg/m³	1、固相吸附/热脱附气相色谱法(HJ583—2010) 2、活性炭吸附/二硫化碳解吸气相色谱法(GB/T11737—1989、HJ584—2010) 3、便携式气相色谱法(GB/T18204.2—2014)	各组分测定下限: 1、0.002 mg/m³(1 L空气) 2、0.006 mg/m³(10 L空气) 3、400 mL/min,采样30 s;0.05~0.80 mg/m³
	《民用建筑工程室内环境污染控制标准》(GB 50325—2020)	苯≤0.09 mg/m³	活性炭吸附/热脱附气相色谱法(GB/T11737—1989、GB50325—2020 附录F)	0.01~0.20 mg/m³(10 L空气)
职业卫生	《工作场所有害因素职业接触限值 第1部分:化学有害因素》(GBZ 2.1—2019)	加权平均允许浓度: 苯≤6 mg/m³ 甲苯≤50 mg/m³ 乙苯≤100 mg/m³ 二甲苯≤50 mg/m³ 苯乙烯≤50 mg/m³ 短时接触允许浓度: 苯≤10 mg/m³ 甲苯≤100 mg/m³ 乙苯≤150 mg/m³ 二甲苯≤100 mg/m³ 苯乙烯≤100 mg/m³	无泵型采样/二硫化碳解吸气相色谱法(GBZ/T300.66—2017)	定量下限: 苯:8 mg/m³ 甲苯:18 mg/m³ 二甲苯:58 mg/m³
有组织排放监测	《大气污染物综合排放标准》(GB 16297—1996)	最高允许排放浓度: 苯:17 mg/m³ 甲苯:60 mg/m³ 二甲苯:90 mg/m³	1、气袋采样/直接进样相色谱法(HJ 732—2014) 2、固相吸附/热脱附气相色谱-质谱法(HJ 734—2014)	1、各组分测定下限:0.4~2.4 mg/m³(1 L空气) 2、测定下限:0.004~0.04 mg/m³(300 mL空气)
		周界外浓度限值: 苯:0.50 mg/m³ 甲苯:0.30 mg/m³ 二甲苯:1.50 mg/m³		

第五章
土壤环境质量监测

土壤是指陆地地表具有肥力并能生长植物的疏松表层,是植物生长的基地,是人类生存环境不可缺少的组成部分,土壤环境质量的优劣直接影响人类的生产、生活和发展。人类大量施用农药、过度使用化肥进行污水灌溉以及大气沉降等导致大量污染物通过多种途径进入土壤,当进入土壤的污染物浓度超过土壤自净能力时,会导致土壤环境质量下降,从而影响土壤生产能力、农产品质量和生态系统安全。

土壤污染物主要分为无机污染物和有机污染物两大类,无机污染物主要包括酸、碱、重金属、盐类、含砷、硒、氟的化合物等,有机污染物主要包括有机农药、酚类、氰化物、石油等。本章主要介绍土壤中重金属铜锌铬铅镍、总汞和有机氯农药等项目的测定原理和方法。

实验1 土壤中铜、锌、铅、镍、铬的测定

土壤无机污染物中以重金属比较突出,如汞、镉、铅、铜、铬、砷、镍、铁、锰、锌等,主要是由于重金属不能为土壤微生物所分解,而易于积累,转化为毒性更大的甲基化合物,甚至有的通过食物链以有害浓度在人体内蓄积,严重危害人体健康。

一、实验方法

土壤中铜、锌、铅、镍、铬的测定,主要有火焰原子吸收光谱法、石墨炉原子吸收光谱法和电感耦合等离子发射光谱法,本实验主要讨论采用火焰原子吸收分光光度法测定土壤中的铜、锌、铅、镍、铬。

二、实验原理

土壤经酸消解后,试样中铜、锌、铅、镍和铬在空气-乙炔火焰中原子化,其基态原子分别对铜、锌、铅、镍和铬的特征谱线产生选择性吸收,其吸收强度在一定范围内与铜、

锌、铅、镍和铬的浓度成正比。

三、实验试剂

本实验所用试剂如下,其纯度均为优级纯,实验用水为新制备的去离子水,请思考其用途及配制方法,完成试剂的准备。

1. 盐酸、硝酸、氢氟酸、高氯酸。
2. 盐酸溶液:1+1,用盐酸和去离子水按1∶1的体积比混合,用于溶解金属锌、铬。
3. 硝酸溶液:1+1,用硝酸和去离子水按1∶1的体积比混合,用于溶解金属铜、铅和镍。
4. 硝酸溶液:1+99,用硝酸和去离子水按1∶99的体积比混合。
5. 铜锌铅镍铬标准贮备液:浓度均为1 000 mg/L。

分别准确称取1.000 g(精确到0.1 mg)纯金属,再用合适的酸加热溶解,冷却后用去离子水定容,贮存于聚乙烯瓶中,于4 ℃下冷藏保存。也可直接购买市售有证标准溶液。

6. 铜锌铅镍铬标准使用液,浓度均为100 mg/L。

准确移取上述标准贮备液10.00 mL于100 mL容量瓶中,用硝酸溶液定容至标线,摇匀。贮存于聚乙烯瓶中,4 ℃以下冷藏保存,有效期一年。

7. 燃气:乙炔,纯度≥99.5%。
8. 助燃气:空气,进入燃烧器前应除去其中的水、油和其他杂质。

四、仪器设备

1. 火焰原子吸收分光光度计。
2. 光源:铜、锌、铅、镍和铬元素锐线光源或连续光源。
3. 电热消解装置:温控电热板或石墨电热消解仪,温控精度±5 ℃。
4. 微波消解装置:功率600~1 500 W,配备微波消解罐。
5. 聚四氟乙烯坩埚或聚四氟乙烯消解管:50 mL。
6. 分析天平:感量为0.1 mg。
7. 一般实验室常用器皿和设备。

五、实验步骤

(一) 样品采集与制备

土壤样品按照HJ/T 166—2004的相关要求进行采集和保存,除去样品中的异物(枝棒、叶片、石子等),按照国标GB 17378.3—2007的要求,将采集的样品在实验室中风干、破碎、过筛,保存备用。

(二) 水分的测定

土壤样品干物质含量的测定按照HJ 613—2011执行。

(三)试样预处理

1. 称取 0.2~0.3 g(精确至 0.1 mg)样品于 50 mL 聚四氟乙烯坩埚中,用水润湿后加入 10 mL 盐酸,于通风橱内电热板上 90~100 ℃加热,使样品初步分解。

2. 待消解液蒸发至剩余约 3 mL 时,加入 9 mL 硝酸,加盖加热至无明显颗粒。

3. 加入 5~8 mL 氢氟酸,开盖,于 120 ℃加热飞硅 30 min。

4. 稍冷,加入 1 mL 高氯酸,于 150~170 ℃加热至冒白烟,加热时应经常摇动坩埚,若坩埚壁上有黑色碳化物,再加入 1 mL 高氯酸加盖继续加热至黑色碳化物消失。

5. 再开盖,加热,赶酸至内容物呈不流动的液珠状(趁热观察)。加入 3 mL 硝酸(1+1)溶液,温热溶解可溶性残渣。

6. 将上述消解后的溶液全量转移至 25 mL 容量瓶中,用硝酸溶液(1+1)定容至标线,摇匀,保存于聚乙烯瓶中,静置,取上清液待测。于 30 d 内完成分析。

注意:实验中使用的高氯酸、硝酸具有强氧化性和腐蚀性,盐酸、氢氟酸具有强挥发性和强腐蚀性,试剂配制和样品消解应在通风橱内进行;操作时应按要求佩戴防护器具,避免吸入呼吸道或接触皮肤和衣物。

思考、讨论和回答 1:样品消解时各种酸的加入顺序是怎样的?有什么作用?

(四)仪器测试条件

根据仪器操作说明书或国家标准调节仪器至最佳工作状态。参考测量条件见表 5-1。

表 5-1 仪器参考测量条件

元素	铜	锌	铅	镍	铬
光源	锐线光源(铜空心阴极灯)	锐线光源(锌空心阴极灯)	锐线光源(铅空心阴极灯)	锐线光源(镍空心阴极灯)	锐线光源(铬空心阴极灯)
灯电流(mA)	5.0	5.0	8.0	4.0	9.0
测定波长(mm)	324.7	213.0	283.3	232.0	357.9
通带宽度(nm)	0.5	1.0	0.5	0.2	0.2
火焰类型	中性	中性	中性	中性	还原性

思考、讨论和回答 2:测定铬时为什么要用还原性火焰?

(五)标准曲线的建立

取 100 mL 容量瓶,按表 5-2 的浓度要求,用硝酸溶液(1+99)分别稀释各元素标准使用液(100 mg/L)配制成标准系列工作液。请计算用量并填写在表 5-2 中。

表 5-2 各元素标准溶液浓度

铜标液体积(mL)						
铜标液浓度(mg/L)	0.00	0.10	0.50	1.00	3.00	5.00
锌标液体积(mL)						
锌标液浓度(mg/L)	0.00	0.10	0.20	0.30	0.50	0.80
铅标液体积(mL)						
铅标液浓度(mg/L)	0.00	0.50	1.00	5.00	8.00	10.00
镍标液体积(mL)						

续表

镍标液浓度(mg/L)	0.00	0.10	0.50	1.00	3.00	5.00
铬标液体积(mL)						
铬标液浓度(mg/L)	0.00	0.10	0.50	1.00	3.00	5.00

按照表 5-1 中的仪器测量条件,用标准曲线零浓度点调节仪器零点,由低浓度到高浓度依次测定标准系列的吸光度,以各元素标准系列质量浓度为横坐标,相应的吸光度为纵坐标,建立标准曲线。

(六)试样测定

按照与标准曲线的建立相同的仪器条件进行试样的测定。

(七)空白样测定

按照与试样相同的步骤进行空白试样的制备、处理和测定。

六、数据处理

1. 干物质含量的测定

干物质含量的计算公式:

$$w_{dm} = \frac{(m_2 - m_0)}{(m_1 - m_0)} \times 100$$

2. 样品的测定

土壤中铜、锌、铅、镍和铬的质量分数 w(mg/kg),按照如下公式进行计算。

$$w_i = \frac{(\rho_i - \rho_{0i}) \times V}{m \times w_{dm}}$$

式中:w_i——土壤中元素的质量分数,mg/kg;

ρ_i——试样中元素的质量浓度,mg/L;

ρ_{0i}——空白试样中元素的质量浓度,mg/L;

V——消解后试样的定容体积,mL;

m——土壤样品的称样量,g;

w_{dm}——土壤样品的干物质含量,%。

请根据上述公式计算测定结果,并填入表 5-3 中。

表 5-3 土壤中铜锌铅镍铬的测定结果

土样质量 m:_____g   消解试样定容体积:_____mL

序号	元素名称	标准曲线方程	试样吸光度 A_i	空白样吸光度 A_{0i}	化合物浓度 (μg/kg)
1	铜				
2	锌				

续表

序号	元素名称	标准曲线方程	试样吸光度 A_i	空白样吸光度 A_{0i}	化合物浓度 （μg/kg）
3	铅				
4	镍				
5	铬				

拓展阅读：

土壤重金属难降解、毒性大，通过食物链迁移而危害人体健康，建立快速、准确、有效的测定方法，对土壤污染评估及土壤污染防治具有重要意义。土壤消解有高压密闭消解和微波消解等，检测方法主要有火焰原子吸收光谱法、原子荧光光谱法、电感耦合等离子体发射光谱法（ICP-OES）、电感耦合等离子体质谱法（ICP-MS）等。

实验 2　土壤中总汞的测定

一、实验方法

土壤中汞的测定，主要有原子荧光光谱法、分光光度法和电感耦合等离子体发射光谱法。由于原子荧光光谱法灵敏度高，仪器简单实用，普及率高，是应用较多的一种痕量元素分析方法，本实验主要讨论采用原子荧光光谱法测定土壤中的汞。

二、实验原理

采用硝酸-盐酸混合试剂在沸水浴中加热消解土壤试样，再用硼氢化钾或硼氢化钠将样品中所含汞还原成原子态汞，由载气（氩气）导入原子化器中，在特制汞空心阴极灯照射下，基态汞原子被激发至高能态，在去活化回到基态时，发射出特征波长的荧光，其荧光强度与汞的含量成正比。与标准系列比较，求得样品中汞的含量。

三、实验试剂

本实验所用试剂如下，其纯度均为优级纯，实验用水为去离子水，请思考其配制方法，完成试剂的准备。

1. 盐酸：$\rho(HCl)=1.19$ g/mL。
2. 硝酸：$\rho(HNO_3)=1.42$ g/mL。
3. 硫酸：$\rho(H_2SO_4)=1.84$ g/mL。

4. 氢氧化钾(KOH)

5. 硼氢化钾(KBH_4)

6. 重铬酸钾($K_2Cr_2O_7$)

7. 氯化汞($HgCl_2$)

8. 硝酸-盐酸混合试剂(1+1 王水)。

配制:取硝酸和盐酸按 1∶3 的体积比混合,然后用去离子水稀释一倍。

9. 还原剂[0.01%硼氢化钾(KBH_4)+0.2%氢氧化钾(KOH)溶液]

配制:0.2 g 氢氧化钾溶解于少量水中,再称取 0.01 g 硼氢化钾放入氢氧化钾溶液中,用水稀释至 100 mL,此溶液现用现配。

10. 载液[(1+19)硝酸溶液]

配制:量取 25 mL 硝酸,缓缓倒入放有少量去离子水的 500 mL 容量瓶中,用去离子水定容至刻度,摇匀。

11. 保存液

配制:称取 0.5 g 重铬酸钾,用少量水溶解,加入 50 mL 硝酸,用水稀释至 1 000 mL,摇匀。

12. 稀释液

配制:称取 0.2 g 重铬酸钾,用少量水溶解,加入 28 mL 硫酸,用水稀释至 1 000 mL,摇匀。

13. 汞标准贮备液

配制:称取经干燥处理的 0.135 4 g 氯化汞,用保存液溶解后转移至 1 000 mL 容量瓶中,再用保存液稀释至刻度,摇匀。此标准溶液汞的浓度为 100 μg/mL(有条件的单位可以到国家认可的部门直接购买标准贮备溶液)。

14. 汞标准中间溶液

配制:吸取 10.00 mL 汞标准贮备液注入 1 000 mL 容量瓶中,用保存液稀释至刻度,摇匀。此标准溶液汞的浓度为 1.0 μg/mL。

15. 汞标准工作溶液

配制:吸取 2.00 mL 汞标准中间溶液注入 100 mL 容量瓶中,用保存液稀释至刻度,摇匀。此标准溶液汞的浓度为_____(现用现配)。

思考、讨论和回答 1:汞标准工作溶液的浓度是多少?为什么要现用现配?

四、仪器设备

1. 氢化物发生原子荧光光度计
2. 汞空心阴极灯
3. 水浴锅
4. 分析天平:感量为 0.1 mg
5. 一般实验室常用器皿和设备

五、实验步骤

(一) 样品采集

土壤样品按照 HJ/T 166—2004 的相关要求进行采集和保存,除去样品中的异物(枝棒、叶片、石子等),按照国标 GB 17378.3—2007 的要求,将采集的样品在实验室中风干、破碎、过筛,保存备用。

(二) 水分的测定

土壤样品干物质含量的测定按照 HJ 613—2011 执行。

(三) 样品制备与处理

称取经风干、研磨并过 0.149 mm 孔径筛的土壤样品 0.2～1.0 g(精确至 0.000 2 g)于 50 mL 具塞比色管中,用少许水润湿后加入 10 mL(1+1)王水,于沸水浴中消解 2 h,取出冷却,立即加入 10 mL 保存液,用稀释液稀释至刻度,摇匀后放置,取上清液待测。同时做空白实验。

思考、讨论和回答 2:硝酸-盐酸(王水)混合消解的作用是什么?土壤中汞的消解为什么在水浴中进行?

思考、讨论和回答 3:样品消解完毕后采取哪些措施保存消解液?为什么?

(四) 空白试验

采用与样品相同的试剂和步骤,制备全程序空白溶液。每批样品至少制备 2 个以上空白溶液。

(五) 仪器参考条件

不同型号仪器的最佳参数不同,可根据仪器使用说明书自行选择,表 5-4 列出了原子荧光光谱法通常采用的参数。

表 5-4 仪器参考测量条件

负高压(V)	280	加热温度(℃)	200
A 道灯电流(mA)	35	载气流量(mL/min)	300
B 道灯电流(mA)	0	屏蔽气流量(mL/min)	900
观测高度(mm)	8	测量方法	校准曲线
读数方式	峰面积	读数时间(s)	10
延迟时间(s)	1	测量重复次数	2

(六) 标准曲线的建立

分别准确吸取 0.00 mL、0.50 mL、1.00 mL、2.00 mL、3.00 mL、5.00 mL、10.00 mL 汞标准工作液置于 7 个 50 mL 容量瓶中,加入 10 mL 保存液,用稀释液稀释至刻度,摇匀,即得含汞量分别为 0.00 ng/mL、0.20 ng/mL、0.40 ng/mL、0.80 ng/mL、1.20 ng/mL、2.00 ng/mL、4.00 ng/mL 的标准系列溶液。此标准系列适用于一般样品的测定。

（七）测定

将仪器调至最佳工作条件，在还原剂和载液的带动下，测定标准系列各点的荧光强度（校准曲线是减去标准空白后的荧光强度对浓度绘制的校准曲线），然后测定样品空白、试样的荧光强度。

六、数据处理

土壤中汞的质量分数 $w(\mathrm{mg/kg})$，按照如下公式进行计算。

$$w = \frac{(c-c_0) \times V}{m \times (1-f) \times 1\,000}$$

式中：c——从标准曲线上查得汞元素含量，ng/mL；

c_0——试剂空白液测定浓度，ng/mL；

V——样品消解后定容体积，mL；

m——试样质量，g；

f——土壤含水量。

请根据上述公式计算测定结果，重复实验结果以算术平均值表示，保留 3 位有效数字。

拓展阅读：

汞属于剧毒物质且具有高度的生物富集性，在土壤污染防治中汞属于需要优先监测、控制的重金属污染物。对土壤中各种形态的汞进行检测分析成为生态环境监测的重要工作和研究课题。

实验 3　土壤中有机氯农药的测定

有机氯农药是用于防治植物病、虫害的组成成分中含有有机氯元素的有机化合物，如杀虫剂 DDT、六六六、氯丹、七氯、艾氏剂等。有机氯农药属于持久性污染物，毒性强、难降解易富集。土壤和沉积物是有机氯农药的主要储集场所，施于环境中的农药有 20%～70% 在土壤中形成结合态而残留。再通过食物链的传递，对人和生物的健康造成极大的威胁。本节依据《土壤和沉积物　有机氯农药的测定　气相色谱法》（HJ 921—2017），介绍有机氯农药的测定。

一、实验目的

学习和掌握气相色谱法测定土壤中的有机氯农药。

二、实验原理

本实验主要采用气相色谱法测定土壤中的有机氯农药,通过提取、净化、浓缩、定容4步后,用具有电子捕获检测器的气相色谱仪检测。根据保留时间定性,外标法定量。

三、实验试剂

本实验所用试剂如下,请思考其纯度及配制方法,完成试剂的准备。

1. 正己烷和丙酮,均为色谱纯。
2. 无水硫酸钠,优级纯,在马弗炉中 450 ℃烘烤 4 h,冷却后置于具磨口塞的玻璃瓶中,并放干燥器中保存。
3. 丙酮-正己烷混合溶剂Ⅰ:1+1,用丙酮和正己烷按 1∶1 的体积比混合。
4. 丙酮-正己烷混合溶剂Ⅱ:1+9,用丙酮和正己烷按 1∶9 的体积比混合。
5. 有机氯农药标准贮备液:$\rho=10\sim100$ mg/L。

配制:购买市售有证标准溶液,在 4 ℃下避光、密闭、冷藏保存,或参照标准溶液证书进行保存。使用时应恢复至室温并摇匀。

6. 有机氯农药标准使用液:$\rho=1.0$ mg/L。

配制:用正己烷稀释有机氯农药标准贮备液。在 4 ℃下避光密闭冷藏,保存期为半年。

7. 硅酸镁固相萃取柱:制备或市售,1 000 mg/6 mL。
8. 石英砂:270~830 μm(50 目~20 目)。

在马弗炉中 450 ℃烘烤 4 h,冷却后置于具磨口塞的玻璃瓶中,并放干燥器内保存。

9. 玻璃棉或玻璃纤维滤膜

在马弗炉中 400 ℃烘烤 1 h,冷却后置于具磨口塞的玻璃瓶中密封保存。

10. 高纯氮气,纯度≥99.999%。

四、实验仪器

1. 气相色谱仪:具有电子捕获检测器。具分流/不分流进样口,可程序升温。
2. 色谱柱

(1) 柱长 30 m,内径 0.32 mm,膜厚 0.25 μm,固定相为 5%聚二苯基硅氧烷和 95%聚二甲基硅氧烷,或其他等效的色谱柱。

(2) 柱长 30 m,内径 0.32 mm,膜厚 0.25 μm,固定相为 14%聚苯基氰丙基硅氧烷和 86%聚二甲基硅氧烷,或其他等效的色谱柱。

3. 提取装置

微波萃取装置、索氏提取装置、加压流体萃取装置或具有相当功能的设备,所有接口处严禁使用油脂润滑剂。

4. 浓缩装置

氮吹仪、旋转蒸发仪、K-D 浓缩仪或具有相当功能的设备。

5. 采样瓶

广口棕色玻璃瓶或聚四氟乙烯衬垫螺口玻璃瓶。

6. 一般实验室常用仪器和设备。

五、实验步骤

(一) 样品采集与保存

土壤样品按照 HJ/T 166—2004 的相关要求采集和保存。样品保存在预先清洗洁净的采样瓶中,尽快运回实验室分析,运输过程中应密封避光。如暂不能分析,应在 4 ℃以下冷藏保存,保存时间为 14 d。样品提取液 4 ℃以下避光冷藏保存,保存时间为 40 d。

(二) 样品制备

除去样品中的异物(石子、叶片等),称取两份约 10 g(精确到 0.01 g)的样品。土壤样品一份用于测定干物质含量;另一份加入适量无水硫酸钠,研磨均化成流砂状用于脱水。

(三) 水分的测定

土壤样品干物质含量的测定按照 HJ 613—2011 执行。

(四) 试样预处理

1. 提取

(1) 微波萃取

将制备好的样品全部转移至萃取罐中,加入 30 mL 丙酮-正己烷混合溶剂 I,设置萃取温度为 110 ℃,微波萃取 10 min。离心或过滤后收集提取液。

(2) 索氏提取

将制备好的样品全部转移至索氏提取器纸质套筒中,加入 100 mL 丙酮-正己烷混合溶剂 I,提取 16~18 h,回流速度 3~4 次/h。离心或过滤后收集提取液。

2. 脱水

在玻璃斗上垫一层玻璃棉或玻璃纤维滤膜,铺加约 5 g 无水硫酸钠,然后将提取液经漏斗直接过滤到浓缩装置中,再用 5~10 mL 丙酮-正己烷混合溶剂 I 充分洗涤盛装提取液的容器,经漏斗过滤到上述浓缩装置中。

3. 浓缩

在 45 ℃以下将脱水后的提取液浓缩到 1 mL,待净化。

4. 净化

用约 8 mL 正己烷洗涤硅酸镁固相萃取柱,保持硅酸镁固相萃取柱内吸附剂表面浸润。用吸管将浓缩后的提取液转移到硅酸镁固相萃取柱上停留 1 min 后,弃去流出液。加入 2 mL 丙酮-正己烷混合溶剂 II 并停留 1 min,用 10 mL 小型浓缩管接收洗脱液,继续用丙酮-正己烷混合溶剂 II 洗涤小柱,至接收的洗脱液体积到 10 mL 为止。

思考、讨论和回答 1:除了用硅酸镁固相萃取柱净化浓缩提取液,还有哪些净化的方法?

5. 浓缩定容

将净化后的洗脱液按浓缩的步骤浓缩并定容至 1 mL,再转移至 2 mL 样品瓶中待分析。

6. 空白试样制备

用石英砂代替实际样品,按与试样预处理的相同步骤处理空白试样。

(五) 仪器测试条件

进样口温度:220 ℃;

进样方式:不分流进样至 0.75 min 后打开分流,分流出口流量为 60 mL/min;

载气:高纯氮气,2.0 mL/min,恒流;

尾吹气:高纯氮气,20 mL/min;

柱温升温程序:初始温度 100 ℃,以 15 ℃/min 升温至 220 ℃,保持 5 min,以 15 ℃/min 升温至 260 ℃,保持 20 min;

检测器温度:280 ℃;

进样量:1.0 μL。

思考、讨论和回答 2:测定有机氯农药时,什么情况下需要检查仪器性能,如何操作?

(六) 标准曲线的建立和测定

分别量取适量体积的有机氯农药标准使用液 1 mg/L,用正己烷稀释,配制标准系列溶液,浓度分别为 5 μg/L、10 μg/L、20 μg/L、50 μg/L、100 μg/L、200 μg/L、500 μg/L。

按仪器条件由低浓度到高浓度依次对标准系列溶液进行进样、检测,记录目标物的保留时间、峰高或峰面积。以标准系列溶液中目标物浓度为横坐标,以其对应的峰高或峰面积为纵坐标,建立标准曲线。

(七) 试样与空白样的测定

按照与标准曲线建立相同的仪器分析条件进行试样的测定。

按照与试样测定相同的仪器分析条件进行空白试样的测定。

六、数据处理

1. 干物质含量的计算

干物质含量的计算公式:

$$w_{dm} = \frac{(m_2 - m_0)}{(m_1 - m_0)} \times 100$$

2. 样品含量的计算

土壤中的目标物含量 ω_1(μg/kg),按照如下公式进行计算。

$$\omega_1 = \frac{\rho \times V}{m \times w_{dm}}$$

式中：ω_1——土壤样品中的目标物含量，$\mu g/kg$；

ρ——由标准曲线计算所得试样中目标物的质量浓度，$\mu g/L$；

V——试样的定容体积，mL；

m——称取样品的质量，g；

w_{dm}——样品中的干物质含量，%。

请根据上述公式计算测定结果。

拓展阅读：

有机氯农药(Organochlorine Pesticides，OCPs)曾经是世界农业生产中应用最广泛的杀虫剂，能够在土壤、水体、大气、底泥等环境介质中长期残留且难以降解，是典型的持久性有机污染物(Persistent Organic Pollutants，POPs)，极易在生物体内富集和残留，具有致癌、致畸、致突变特点。土壤中有机氯农药(OCPs)的分析和测定是评估有机氯农药风险以及危害的必要手段。随着分析仪器的不断更新换代和分析方法的持续优化改进，土壤中OCPs的分析测试更加便捷高效和精密准确。

第六章
固体废物监测

固体废物是指在生产、生活和其他活动中产生的污染环境的固态、半固态废弃物质，主要包括生活垃圾、工业固体废物、农业固体废物、建筑垃圾等。固体废物对环境危害较大，必须进行无害化处理处置或实现资源化利用。

了解固体废物的性质，有利于固体废物的处理处置及资源化。本章主要介绍固体废物含水率、腐蚀性、浸出毒性、生物质炭制备及性质测定、堆肥制备及腐熟度测定。

实验1 污泥含水率的测定

污泥是在水和污水处理过程中产生的固体沉淀物质，按污泥来源分为给水污泥、生活污水污泥和工业废水污泥。污泥性质主要包括物理性质、化学性质和卫生学指标等方面。污泥含水率是污泥的重要性质，对污泥处理处置和资源化工艺有重要影响。测定污泥含水率主要有重量法或者污泥水分测定仪法，常规以重量法为主。本节主要根据《城市污水处理厂污泥检验方法》(CJ/T 221—2005)，介绍重量法测定污泥含水率。

一、实验目的

掌握用重量法测定和计算污泥及其他固体废物样品的含水率。

二、方法原理

将均匀的污泥样品放在称至恒重的蒸发皿中于水浴上蒸干，放在烘箱内烘至恒重，减少的重量以百分率计为污泥含水率。

三、实验仪器

瓷蒸发皿(100 mL)、烘箱、天平(感量0.000 1 g)、干燥器。

四、样品准备和保存

测定含水率的污泥样品,应剔除各类大型纤维杂质和大小碎石块等无机杂质,特别注意样品的代表性,采集的样品应放入密封容器中尽快分析测定,如需放置应密闭贮存在冷藏冰箱中,保存时间不能超过 24 h。

思考和讨论 1:如果测定稻草等农作物秸秆或者生活垃圾的含水量,能取整株秸秆或大块生活垃圾直接测定吗?需要进行什么预处理?

五、实验步骤

1. 用已恒重的蒸发皿(质量记为 M),称取均匀的污泥样品约 20 g,该样品准确称至 0.001 g,和蒸发皿质量一起记为 M_1。

2. 对于含水量较高的污泥样品应先将盛放样品的蒸发皿置于水浴锅上蒸干,再放入干燥箱烘干;对于经脱水处理含水量较低的污泥样品,可直接放入温度已升为 103~105 ℃烘箱中,干燥 2 h,取出放入干燥器中冷却至室温,称重,质量记录为 M_2。

3. 将称重后的样品放入烘箱烘 0.5 h,取出放入干燥器中冷却至室温,称重,质量记录为 M_3,看是否恒重,如果没有恒重,则继续烘干称重,记为 M_4……直至质量恒定。

思考和讨论 2:样品烘干后为什么要取出放入干燥器中冷却至室温,再称重?

思考和讨论 3:恒重的含义是什么?

六、数据记录和结果计算

1. 把测定数据填入表 6-1 中。

表 6-1 称量数据记录(g)

M	M_1	M_2	M_3	M_4	……

2. 含水率计算

$$含水率(\%) = (恒重后的质量 - M_1)/(M_1 - M) \times 100\%$$

任务:将测定数据代入计算公式,写出计算过程和结果。

实验 2　固体废物粒级组成的测定

固体颗粒的大小称为粒度。固体废物是不同尺寸的固体废物颗粒的混合物,将这些混合物分成若干级别,这些级别叫作粒级。物料中各级别的相对含量称为粒度组成。测定物料的粒度组成或粒度分布,是了解物料粒度特性,确定物料加工工艺或资源化的重要依据。

一、实验目的

在固体废物资源化中,分析和掌握固体废物的基本特性对提高固废资源化程度有重要意义。本实验通过对固体物料的筛分分析,使大家了解和掌握粒度分析中套筛的使用,并对筛分过程及其筛分效果进行量化计算。

二、实验原理

筛分分析是粒度分析中的一种方法,适用于微米级以上固体废物颗粒群的粒度测定,在固体废物粒度分析中常用。

三、实验设备与仪器

500 g 量程的台秤或天平,由 20 目、60 目、100 目和 200 目四个筛子组成的套筛(或其他孔径),振动筛分选机。

四、实验步骤

1. 称待筛分物料 200.0 g。
2. 把不同目数(或孔径)的筛子,分别按由粗到细和从上至下顺序叠好,并放在底盘上。
3. 把称好的 200.0 g 物料,放在最上层筛上,盖上盖子。
4. 提起振动筛分选机固定杆,把物料的套筛放在振动筛上,最上层筛子放上盖子;拧紧固定杆左右和上面的螺丝,把套筛固定好;检查一遍套筛是否已完全固定好。
5. 插上振动筛插头,在数字显示器上调节筛分时间为 5 s,按下启动按钮,5 s 后振筛自动停机,检查套筛是否固定好,如果没有问题,在数字显示器上调节筛分时间为 10 min,按下启动按钮,筛分 10 min。

6. 停机后松螺丝,把套筛取下来,用天平称量各粒级的质量,并记录。

注意:套筛一定要固定好,如中途有松动现象,马上停机,待固定后重新开机。

五、数据记录和粒级计算

1. 按粒级从小到大,把各粒级质量数据填入表 6-2 中,并进行粒级质量百分含量的计算。

表 6-2　筛分数据记录和结果计算表

筛孔目数	孔径(mm)	筛上对应粒级(mm)	筛上产品质量(g)	粒级含量(%)	细粒累积含量(%)
……					

2. 粒度分布曲线图

任务:以横坐标表示粒径,纵坐标表示细粒累积含量,画出粒度分布曲线图。

六、思考和计算

对固体废物物料进行筛分,经过筛孔孔径为 20 mm 的筛分以后,若筛分物料、筛下产品、筛上产品中小于 20 mm 的粒级分别为 46.75%(α)、94.38%(β) 和 7.26%(θ)。计算该台筛子的筛分效率。(提示:设筛分给料质量为 Q,筛下产品质量为 Q_1,筛上产品质量为 Q_2,则筛分效率 $E = \dfrac{\beta Q_1}{\alpha Q} \times 100\%$,利用公式 $Q = Q_1 + Q_2$ (1),$\alpha Q = \beta Q_1 + \theta Q_2$ (2) 解方程组,可以求出筛分效率用 α、β 和 θ 表示的表达式。)

拓展阅读:

粒度对物体性质及其应用有较大的影响,固体废物资源化、矿石冶炼对粒度都有要求。通过改进破碎工艺,可以提高破碎效果,固体废物的抗压缩破碎性能也影响固体废物的资源化利用。对固体废物破碎工艺改进、固体废物的抗压缩破碎性能的研究,为固体废物资源化利用提供了理论支撑。

实验 3　固体废物腐蚀性的测定

工业固体废物根据其危害性大小可以分为一般工业固体废物和危险废物。危险废物是列入国家危险废物名录或者根据国家规定的危险废物鉴别标准和鉴别方法认定的具有危险特性的废物。危险废物的特性包括腐蚀性、毒性、易燃性、反应性和感染性等危险特性。对列入危险废物名录的废物可以直接认定为危险废物,对未知特性的固体废物则需要按《危险废物鉴别标准》来判定该类废物是否属于危险废物及相应的危险特性。其中,腐蚀性是危险废物的特性之一。本节依据《危险废物鉴别标准 腐蚀性鉴别》(GB 5085.1—2007)和《固体废物 腐蚀性测定 玻璃电极法》(GB/T 15555.12—1995),介绍 pH 玻璃电极法测定固体废物的腐蚀性。

一、实验目的

1. 了解危险废物的鉴别标准和鉴别方法;
2. 掌握采用 pH 玻璃电极法测定固体废物腐蚀性的方法。

二、实验原理

依据《危险废物鉴别标准 腐蚀性鉴别》(GB 5085.1—2007),按照《固体废物 腐蚀性测定 玻璃电极法》(GB/T 15555.12—1995)制备浸出液,若 pH≤2 或 pH≥12.5,则属于具有腐蚀性的危险废物。

三、仪器与试剂

2 L 带瓶塞的高压聚乙烯瓶、振荡器、过滤器、孔径为 0.45 μm 的纤维滤膜、pH 计、pH 为 4.00、6.86 和 9.18 的标准缓冲溶液等。

四、实验步骤

1. 固体废物制样
按规范方法进行固体废物采样、风干、磨碎过 ϕ5 mm 的筛孔。
2. 浸出液的制备
(1) 称取 100 g 试样(以干基计),置于浸取用的混合容器中,加水 1 L(包括试样的含水量)。
(2) 将浸取用的混合容器垂直固定在振荡器上,振荡频率调节为 110±10 次/min,振幅为 40 mm,在室温下振荡 8 h,静置 16 h。
(3) 通过过滤装置分离固液相,滤后立即测定滤液的 pH。如果固体废物中干固体的含量小于 0.5%(m/m)时,则不经过浸出步骤,直接测定溶液的 pH。
3. pH 的测定
(1) 首先用 pH 试纸粗略测试一下浸出液的 pH,判断溶液的酸碱性。
(2) pH 计校准
①打开电源开关,按"pH/mV",进入 pH 测定状态,按"温度"按钮,使显示溶液温度

值为 25 ℃，然后按"确认"键，仪器确定溶液温度后回到 pH 测量状态。

②把蒸馏水清洗过的电极插入 pH=6.86 的标准缓冲溶液中，待读数稳定后按"定位"键（pH 指示灯慢闪烁，表明仪器在定位标定状态），调节读数为该溶液当时温度下的 pH，然后按"确认"键，仪器进入 pH 测定状态，pH 指示灯停止闪烁。将电极清洗后插入 pH=4.00 的缓冲溶液中（酸性溶液用 4.00 校准、碱性溶液用 9.18 校准），待读数稳定后，按"校准/斜率"键，调至该温度下的 pH，按"确认"键，回到 pH 测定状态。

（3）测定，校准结束后，测量浸出液的 pH，测三次。

讨论、思考和回答 1：pH 计在使用前为什么要校准？

五、数据记录及结果计算

1. 实验数据记录（表 6-3）

表 6-3　浸出液 pH 测定

浸出液编号	pH 读数 1	pH 读数 2	pH 读数 2	平均值
……				

根据实验记录和结果，完成表 6-3 内容。

讨论、思考和回答 2：如何计算浸出液的 pH 平均值？

2. 根据实验结果判定固体废物的种类和腐蚀性。

拓展阅读和设计：

固体废物经过资源化以后，可以实现资源的回收利用。污泥、农作物秸秆、畜禽粪便等经过好氧堆肥以后，制备的堆肥产品 pH 值也要进行测定，以防止堆肥过酸或过碱影响土壤质量和农作物生长。阅读《肥料 pH 值测定方法》（DB13/T 1225—2010），设计测定有机堆肥 pH 的实验步骤，并根据结果判断堆肥的 pH 是否符合质量要求。

实验 4　固体废物浸出毒性浸出方法和测定

浸出毒性是指固体废物遇水浸沥，浸出的有害物质迁移转化，污染环境，危害健康。本节内容主要依据《固体废物　浸出毒性浸出方法　硫酸硝酸法》（HJ/T 299—2007）和《危险废物鉴别标准　浸出毒性鉴别》（GB 5085.3—2007）对固体废物毒性进行浸出和测定。

一、实验目的

了解和掌握固体废物浸出毒性的浸出方法以及浸出液中有害物质的测定。

二、方法原理

本方法以硝酸/硫酸混合溶液为浸提剂,模拟固体废物在不规范填埋处置、堆存或经无害化处理后废物的土地利用时,其中的有害组分在酸性降水的影响下,从废物中浸出而进入环境的过程。

三、仪器和试剂

1. 振荡设备:转速为 30±2 r/min 的翻转式振荡装置。
2. 零顶空提取器(Zero-Headspace Extraction Vessel,以下简称 ZHE):500～600 mL,用于样品中挥发性物质浸出的专用装置。
3. 提取瓶:2 L 具旋盖和内盖的广口瓶,提取瓶应由不能浸出或吸收样品所含成分的惰性材料制成。分析无机物时,可使用玻璃瓶或聚乙烯(PE)瓶;分析有机物时,可使用玻璃瓶或聚四氟乙烯(PTFE)瓶。
4. 真空过滤器或正压过滤器:容积≥1 L。
5. 滤膜:玻纤滤膜或微孔滤膜,孔径 0.6～0.8 μm。
6. pH 计:在 25 ℃时,精度为±0.05pH。
7. ZHE 浸出液采集装置:使用 ZHE 装置时,采用玻璃、不锈钢或 PTFE 制作的 500 mL 注射器采集初始液相或最终的浸出液。
8. ZHE 浸提剂转移装置:可以使用任何不改变浸提剂性质的导入设备,包括蠕动泵、注射器、正压过滤器或其他 ZHE 装置。
9. 实验天平:精度为±0.01 g。
10. 烧杯或锥形瓶:玻璃,500 mL。
11. 表面皿:直径可盖住烧杯或锥形瓶。
12. 筛:涂 Teflon 的筛网,孔径 9.5 mm。
13. 试剂水:使用符合待测物分析方法标准中所要求的纯水。
14. 浓硫酸(优级纯),浓硝酸(优级纯)。
15. 浸提剂 1#:将质量比为 2:1 的浓硫酸和浓硝酸混合液加入试剂水(1 L 水约 2 滴混合液)中,使 pH 为 3.20±0.05。该浸提剂用于测定样品中重金属和半挥发性有机物的浸出毒性。
16. 浸提剂 2#:试剂水,用于测定氰化物和挥发性有机物的浸出毒性。

四、样品的保存和处理

样品一般应于 4 ℃冷藏保存;测定样品的挥发性成分时,在样品的采集和贮存过程中,应以适当的方式防止挥发性物质的损失。用于金属分析的浸出液在贮存之前应用硝酸酸化至 pH<2；用于有机成分分析的浸出液在贮存过程中不能接触空气，即零顶空保存。

思考、讨论和回答 1：金属分析和有机成分分析的浸出液，保存方法有什么不同？为什么？

五、浸出步骤

1. 含水率测定

称取 50~100 g 样品置于具盖容器中，于 105 ℃下烘干，恒重至两次称量值的误差小于±1%，计算样品含水率。

样品中含有初始液相时，应将样品进行压力过滤，再测定滤渣的含水率，并根据总样品量(初始液相与滤渣重量之和)计算样品中的干固体百分率。

进行含水率测定后的样品，不得用于浸出毒性试验。

2. 样品破碎

样品颗粒应可以通过 9.5 mm 孔径的筛，对于粒径大的颗粒可通过破碎、切割或碾磨减小粒径。

测定样品中挥发性有机物时，为避免过筛时待测成分有损失，应使用刻度尺测量粒径；样品和减小粒径所用工具应进行冷却，并尽量避免将样品暴露在空气中。

3. 挥发性有机物的浸出步骤

(1) 将样品冷却至 4 ℃，称取干基质量为 40~50 g 的样品，快速转入 ZHE。安装好 ZHE，缓慢加压以排除顶空。

(2) 样品含有初始液相时，将浸出液采集装置与 ZHE 连接，缓慢升压至不再有滤液流出，收集初始液相，冷藏保存。

(3) 如果样品中干固体百分率小于或等于 9%，所得到的初始液相即为浸出液，直接进行分析；干固体百分率大于总样品量 9%的，继续进行以下浸出步骤，并将所得到的浸出液与初始液相混合后进行分析。

(4) 根据样品的含水率，按液固比为 10∶1(L/kg)计算出所需浸提剂的体积，用浸提剂转移装置加入浸提剂 2#，安装好 ZHE，缓慢加压以排除顶空。关闭所有阀门。

(5) 将 ZHE 固定在翻转式振荡装置上，调节转速为 30±2 r/min，于 23±2 ℃下振荡 18±2 h。振荡停止后取下 ZHE，检查装置是否漏气(如果 ZHE 装置漏气，应重新取样进行浸出)，用收集有初始液相的同一个浸出液采集装置收集浸出液，冷藏保存待分析。

4. 除挥发性有机物外的其他物质的浸出步骤

(1) 如果样品中含有初始液相，应用压力过滤器和滤膜对样品进行过滤。干固体百分率小于或等于 9%的，所得到的初始液相即为浸出液，直接进行分析；干固体百分率大于 9%的，将滤渣按以下步骤浸出，初始液相与浸出液混合后进行分析。

(2) 称取 150~200 g 样品，置于 2 L 提取瓶中，根据样品的含水率，按液固比为 10∶1(L/kg)计算出所需浸提剂的体积，加入浸提剂 1#，盖紧瓶盖后固定在翻转式振荡装置上,调节转速为 30±2 r/min,于 23±2 ℃下振荡 18±2 h。在振荡过程中有气体产生时,应定时在通风橱中打开提取瓶,释放过度的压力。

(3) 在压力过滤器上装好滤膜,用稀硝酸淋洗过滤器和滤膜,弃掉淋洗液,过滤并收集浸出液,于 4 ℃下保存。

(4) 用于金属分析的浸出液应按分析方法的要求进行消解。

思考、讨论和回答 2:用于金属分析的浸出液,为什么要进行消解?

六、浸出液中成分的测定

浸出液中金属元素的测定可以根据金属的类别和含量,选用火焰原子吸收光谱法、石墨炉原子吸收光谱法、原子荧光光谱法、电感耦合等离子体原子发射光谱法、电感耦合等离子体质谱法进行测定;氟离子、溴酸根、氯离子等无机物离子采取离子色谱法进行测定;有机物质可以用气相色谱法或液相色谱法进行测定。

七、质量保证

1. 空白实验:每做 20 个样或每批样品(样品量少于 20 个时)至少做一个浸出空白。
2. 加标回收实验:每批样品至少做一个加标回收样品。取过筛后的待测样品,分成相同的两份。向其中一份中加入已知量的待测物质,按照规定步骤进行浸提分析,计算待测物的百分回收。
3. 样品浸出实验应在规定的时间内完成。

实验 5　秸秆制备生物质炭及其对废水中 Cr(Ⅵ)的吸附

秸秆是我国主要农业固体废物之一,年产量高达 9 亿吨,实现秸秆资源化,是避免资源浪费和环境污染的重要措施。我国秸秆资源化利用率已达到 81.68%,基本形成了肥料化、饲料化、基料化、燃料化和原料化的"五料化"综合利用格局。其中,利用秸秆制备生物质炭作为土壤改良剂和吸附材料,是近年环境科学领域研究的热点。本节主要介绍秸秆制备生物质炭及其对废水中 Cr(Ⅵ)的吸附和去除,依据《水质　六价铬的测定　二苯碳酰二肼分光光度法》(GB7467—1987)测定废水中的六价铬。

一、实验目的

1. 了解和掌握生物质炭制备的条件和方法。
2. 利用制备的秸秆生物质炭对废水中 Cr(Ⅵ)进行吸附和去除。

二、实验原理

水稻、玉米秸秆、树枝等农林生物质废弃物在限氧或无氧高温条件下，经过热解作用可制备生物质炭。生物质炭因为具有多孔结构和表面官能团，可以作为土壤污染、水污染的治理材料。本实验利用水稻秸秆制备生物质炭吸附去除废水中的 Cr(Ⅵ)，并用分光光度法测定废水中 Cr(Ⅵ)浓度的变化，从而确定 Cr(Ⅵ)的去除率。

三、实验仪器和试剂

1. 仪器

马弗炉、分光光度计、鼓风干燥箱、振荡器、电子天平、pH 计、移液管、锥形瓶、漏斗、滤纸、pH 试纸等。

2. 试剂

10 mg/L 含 Cr(Ⅵ)废水溶液、100 mg/L Cr(Ⅵ)标准储备溶液、1 mol/L HCl 溶液、1 mol/L NaOH 溶液，硫酸溶液(1+1)、磷酸溶液(1+1)、二苯碳酰二肼显色剂。

四、实验步骤

1. 制备水稻秸秆生物质炭：将水稻秸秆清洗、晾干、粉碎后，在马弗炉或管式炉中于缺氧条件下 500 ℃焙烧 2 h，制得秸秆生物质炭，过 100 目筛，留待备用。

思考和讨论 1：秸秆在高温缺氧条件下，有哪些产物？

思考和讨论 2：生物质炭组成和结构有什么特点？

2. 制备改性生物质炭：粉碎过 100 目筛的水稻秸秆生物炭，用蒸馏水洗去灰分和杂质，在 105 ℃高温下烘干，得到水洗原碳。称取 10 g 水洗原碳加入 100 mL 0.175 mol/L 的硝酸铁溶液（九水合硝酸铁）于 95 ℃水浴锅中蒸干，并不时搅拌，以保持混合物均匀。之后用去离子水清洗，直至溶液澄清后，105 ℃烘干备用。

思考和讨论 3：用硝酸铁对生物炭进行改性，改性后的生物炭结构和组成有什么变化？

3. 准确移取 25.0 mL 浓度为 10 mg/L 的 Cr(Ⅵ)废水于 250 mL 锥形瓶中，然后准确称取 0.05 g、0.1 g、0.2 g、0.3 g 秸秆生物质炭、改性生物质炭分别加入 250 mL 锥形瓶中，摇匀，用酸或碱调节 pH 为 2、3、4、5、6、7、8，在振荡器上以 120 r/min 的速度振荡 1 h。振荡结束后，用 pH 计测定溶液 pH 并记录，过滤，滤液待用（实验分组进行，每个小组可以由老师做指定的生物质炭添加量和溶液 pH）。

4. 滤液中 Cr(Ⅵ)的测定

（1）标准曲线的绘制

①配制铬标准溶液：吸取 5 mL 浓度为 100 mg/L 铬标准贮备液置于 100 mL 容量瓶

中,用水稀释至标线,摇匀。此溶液浓度为_____(任务1:完成横线处的浓度计算)。

思考和讨论4:为什么铬标准溶液要现用现配?

任务2:实验中用水是_____水,和蒸馏水的区别是_____。

②向一系列50 mL比色管中分别加入0 mL、0.20 mL、0.50 mL、1.00 mL、2.00 mL、4.00 mL、6.00 mL、8.00 mL上述现配制的铬标准溶液,加去离子水至40 mL左右,再分别加入0.5 mL硫酸溶液(1+1)和0.5 mL磷酸溶液(1+1),摇匀,再加入2.0 mL显色剂,摇匀,用去离子水定容至50 mL,摇匀。5~10 min后,在540 nm波长处,用10 mm或30 mm的比色皿,以空白溶液做参比,测定吸光度并记录。

思考和讨论5:标准曲线和滤液是否需要同步移液、显色和测定,为什么?

(2)滤液中Cr(Ⅵ)的测定

取2.0 mL步骤3的滤液(根据浓度高低可以调整移液体积)于50 mL比色管内,按标准曲线方法操作。

五、数据记录和结果计算

1. 计算标准溶液浓度,测定和记录吸光度值于表6-4中。

表6-4 标准溶液浓度和吸光度

	1	2	3	4	5	6	7	8
Cr(Ⅵ)标准溶液体积(mL)	0	0.2	0.5	1.0	2.0	4.0	6.0	8.0
Cr(Ⅵ)浓度(μg/mL)								
吸光度 A								

任务3:根据Cr(Ⅵ)标准溶液浓度、移取体积和定容体积,完成表6-4中溶液Cr(Ⅵ)的浓度计算,并记录吸光度,计算标准曲线线性方程。

标准曲线的线性关系方程:_____。

相关系数:_____,线性关系方程能否用于对结果的计算:_____。

2. 滤液中Cr(Ⅵ)含量计算

(1)把测定的滤液吸光度值记录在表6-5中。

表6-5 滤液中Cr(Ⅵ)吸光度和浓度

样品编号	1	2	3
生物质炭类型			
加入质量(g)			
振荡前溶液pH			
振荡后溶液pH			
测定液吸光度 A			
测定液Cr(Ⅵ)浓度(μg/mL)			

续表

样品编号	1	2	3
滤液 Cr(VI)浓度(μg/mL)			
滤液 Cr(VI)平均浓度(μg/mL)			

(2) 完成表 6-5 中的浓度计算,至少写一组浓度计算过程。

3. 根据滤液中的平均浓度,计算秸秆生物质炭对废水中 Cr(VI)的去除率,写清楚计算过程。

六、思考和讨论

阅读生物质炭制备及其应用研究进展的相关文献,思考和讨论生物质炭类型、加入质量、溶液 pH 对废水中 Cr(VI)的去除率有没有影响?为什么?

实验 6 堆肥腐熟度评价

农林等生物质废弃物、生活垃圾中的厨余、生活污水处理中的剩余污泥等,是常用的堆肥原料,这些原料在控制合适的碳氮比、碳磷比、水分、pH、粒度、通风等条件,经过堆积、发酵等过程,可制得有机堆肥产品。施用有机堆肥,可以提高土壤有机质含量,改善土壤板结结构,提高土壤透气、透水、保肥能力。但是,没有腐熟的堆肥产品,往往碳氮比偏高,存在有机酸、氨等物质,施用后会对植物尤其是种子发芽和幼苗产生毒害。可以通过物理、化学和生物评价的方法,对堆肥腐熟度进行评价。本节主要介绍物理评价法和植物毒性发芽指数法(Germination index,GI)。

一、实验目的

1. 了解评价有机堆肥腐熟度的各种方法、参数和指标。
2. 掌握物理评价方法和植物毒性发芽指数法。

二、实验原理

物理评价方法也称为表观分析方法,可以从堆肥产品的颜色、是否有恶臭味道和吸引蚊蝇、结构是否呈疏松的团聚体等表观特征判断堆肥是否腐熟。物理方法依靠感官进行初步判读,难以定量判断。

有机原料在堆肥过程中,由于发酵和降解,产生有机酸和氨等毒害种子发芽和生长的成分,根据堆肥对种子发芽指数的影响,可分为三个阶段:完全抑制发芽阶段、发芽抑制降低阶段、发芽抑制消除阶段。利用植物种子发芽指数实验,能检测堆肥产品的植物毒性。

三、仪器与试剂

振荡器、培养箱、移液管、100 mL 容量瓶、培养皿等。

四、实验步骤

1. 物理方法(表 6-6)

表 6-6 堆肥产品物理评价

样品编号	颜色	气味	是否有白色或灰白色菌丝	是否呈疏松团粒结构

任务 1:根据受试堆肥产品,完成表 6-6 的内容,从感官上能否初步判断堆肥是否腐熟?

2. 植物毒性发芽指数法

(1) 称取 5.00 g 过 2 mm 筛子的堆肥样品于锥形瓶中,加 50.0 mL 去离子水,振荡 2 h,经滤纸过滤待用。

(2) 将一张滤纸置于干净无菌的 9 cm 培养皿中,在滤纸上均匀摆放 20 粒大白菜种子,用移液管吸取 5.0 mL 浸提液的滤液于培养皿中,在 25 ℃ 暗箱中培养 24 h 或 48 h,观察种子的发芽情况,并认真测定每个发芽种子的根长。每个堆肥样品做 3 个重复,并同时用去离子水作空白对照。

五、数据记录及结果计算

1. 数据记录(表 6-7)

表 6-7 堆肥产品发芽指数测定

	滤液 1	滤液 2	滤液 3	去离子水
种子发芽数量(个)				
种子发芽率				
每个发芽种子的根长				
种子总根长				
发芽指数(%)				

任务 2：根据实验结果和发芽指数计算公式，记录和完成表 6-7 的内容。

$$发芽指数\ GI(\%) = \frac{堆肥处理的种子发芽率 \times 种子总根长}{对照的种子发芽率 \times 种子总根长} \times 100\%$$

2. 根据发芽指数计算结果判断堆肥腐熟度（发芽指数达到 80% 以上表示堆肥腐熟）。

思考、讨论和回答：可以通过测定哪些指标对堆肥产品进行化学评价？

六、思考和计算

下载和阅读文献《利用秸秆生产商品有机肥及其在水稻上的应用效果》，思考以下问题：

1. 为什么要用秸秆和猪粪进行混合堆肥？

2. 根据文献中水稻秸秆和猪粪的含水量和碳氮含量，若要调节堆肥原料碳氮比为 25∶1～35∶1 之间，求水稻秸秆和猪粪的混合比。

3. 施用有机堆肥对土壤性质和水稻产量有什么影响？

第七章
生物样品监测

当空气、水体、土壤受到污染后,生活在环境中的生物通过吸收、迁移、积累、转化,在生物体内积累。应用各种检测手段测定生物体内的有害物质,及时掌握生物被污染的程度,以便采取措施,改善环境质量,保证生物环境和食品的安全。本章主要介绍生物样品中重金属元素和有机磷农药的测定。

实验1　石墨炉原子吸收光谱法测定生物样品中镉、铅、铬含量

当食品中含有超标的重金属,在人体内积蓄,达到一定浓度,会给人体健康造成不可逆的危害,如日本的骨痛病事件就是镉含量超标造成的。本实验主要参照《食品安全国家标准　食品中镉的测定》(GB 5009.15—2014)、《食品安全国家标准　食品中铅的测定》(GB 5009.12—2017)、《食品安全国家标准　食品中铬的测定》(GB 5009.123—2014),介绍食品中铅、镉、铬含量的测定。

一、实验目的

学习和掌握石墨炉原子吸收光谱法测定各类食品中镉、铅、铬的含量。

二、实验原理

试样经消解处理后,采用石墨炉原子吸收光谱法,分别在 228.8 nm、283.3 nm、357.9 nm 处测定铅、镉、铬的吸光度值,在一定浓度范围内其吸收值与金属含量成正比,与标准系列溶液比较定量。

三、仪器与试剂

1. 仪器

石墨炉原子吸收光谱仪,铅、镉、铬空心阴极灯,循环冷却机,高纯氩气,纯水机,天平(感量为 0.000 1 g),微波消解仪(带赶酸装置)。

2. 试剂

硝酸(优级纯),0.5 mol/L 硝酸溶液,20 g/L 磷酸铵溶液,铅、镉、铬的标准储备溶液(1 000 mg/L)。

四、实验步骤

1. 样品消解

称取过 100 目筛的样品 0.5 g(精确至 0.0001 g),加入 6 mL 硝酸＋2 mL 过氧化氢,按照微波消解的操作步骤消解试样,冷却后取出消解罐,在电热板上于 140～160 ℃ 赶酸至 1 mL 左右。消解罐放冷后,将消化液转移至 25 mL 容量瓶中,用少量水洗涤消解罐 2～3 次,合并洗涤液于容量瓶中并用水定容至刻度,混匀备用。同时做试剂空白试验、国家标准物质插入实验。

2. 标准系列工作溶液的配制

把铅、镉、铬的标准储备液按逐步稀释的方法,配成 1 mg/L 的标准工作溶液,再以标准工作溶液配制镉浓度为 0.0 ng/mL、1.0 ng/mL、3.0 ng/mL、5.0 ng/mL、7.0 ng/mL、10.0 ng/mL 的标准系列溶液;铅浓度为 0.0 ng/mL、10.0 ng/mL、20.0 ng/mL、40.0 ng/mL、60.0 ng/mL、80.0 ng/mL 的标准系列溶液;铬浓度为 0.00 ng/mL、1.00 ng/mL、3.00 ng/mL、5.00 ng/mL、7.00 ng/mL、10.00 ng/mL、15.00 ng/mL 的标准系列溶液。

3. 测定条件

镉的参考测定条件为波长 228.8 nm,狭缝 0.5～1.0 nm,灯电流 8～10 mA,进样量为 10 μL;铅的参考条件为波长 283.3 nm,狭缝 0.2～1.0 nm,灯电流 5～7 mA,进样量为 10 μL;铬的参考条件为波长 357.9 nm,狭缝 0.2 nm,灯电流 5～7 mA,进样量为 10 μL。背景校正为塞曼效应,氩气流速为 0.15 L/min 左右。不同仪器其最佳检测条件亦不同,可以通过验证实验确定最佳测定条件。

4. 标准曲线的制作

将标准系列工作溶液按浓度由低到高的顺序各取 10 μL 注入石墨炉,测其吸光度值,以标准曲线工作的浓度为横坐标,相应的吸光度值为纵坐标,绘制标准曲线并求出吸光度值与浓度关系的一元线性回归方程。标准系列溶液应为不少于 5 个点的不同浓度的镉标准溶液,相关系数不应小于 0.995。如果有自动进样装置,也可用程序稀释来配制标准系列。

5. 试样溶液的测定

与测定标准曲线工作液相同的实验条件下,吸取样品消化液 10 μL,注入石墨炉,测其吸光度值。代入标准系列的一元线性回归方程中求样品消解液中金属的含量,平行测定次数不少于两次。若测定结果超出标准曲线范围,用硝酸溶液(1%)稀释后再次测定。

6. 基体改进剂的使用

对有干扰的试样,如测定镉和铬的时候,和样品消化液一起注入石墨炉 5 μL 基体改进剂磷酸二氢铵溶液(10 g/L)。测定铅的时候,用 5 μL 磷酸二氢铵-硝酸钯溶液作为基体改进剂。测定标准系列工作溶液时也要加入与试样测定时等量的基体改进剂。

五、结果计算

试样中金属含量按式(7-1)进行计算:

$$X = \frac{(C_1 - C_0) \times V}{m \times 1\,000} \tag{7-1}$$

式中:X——试样中铅、镉、铬含量,μg/kg 或 μg/L;

C_1——测定试样消化液中铅、镉、铬含量,ng/mL;

C_0——空白液中铅、镉、铬含量,ng/mL;

V——试样消化液总体积,mL;

m——试样质量或体积,g 或 mL。

六、思考题

1. 除了微波消解,样品还有哪些消解方法?
2. 测定中,加入基体改进剂的作用是什么?

拓展阅读:

铅、镉均是能在人体和动物体内累积的有毒重金属,一旦进入人体很难排除,人体内正常的铅含量应该在 0.1 mg/L 以下。铬是人体所必需的微量元素之一,在人体内的含量约为 7 mg/kg。这些金属含量如果超标,将会影响人体健康,必须加强对这些金属的测定。

实验 2　食品中汞和砷的测定

汞和砷是食品中污染及危害较严重的有害元素,主要来源于农药和"三废"对农业生态环境的污染。汞是具有蓄积作用的有害元素,在人体内的缓慢积累会引起慢性中毒,对人的神经系统等都有严重损害;砷会造成肝功能异常,同时也具有一定的致癌作用。

本实验主要参照《食品安全国家标准 食品中总汞及有机汞的测定》(GB 5009.17—2021)、《食品安全国家标准 食品中总砷及无机砷的测定》(GB 5009.11—2014),测定各类食品中汞、砷的含量。

一、实验目的

学习和掌握微波消解-原子荧光光谱法测定各类食品中汞、砷含量。

二、实验原理

试样经酸加热消解后,在酸性介质中,试样中汞或砷(砷需要加入硫脲使五价砷还原为三价砷)被硼氢化钾或硼氢化钠还原成原子态汞或砷,由载气(氩气)带入原子化器中,在汞或砷空心阴极灯照射下,基态汞或砷原子被激发至高能态,在由高能态回到基态时,发射出特征波长的荧光,其荧光强度与汞或砷含量成正比,外标法定量。

三、仪器与试剂

1. 仪器

微波消解仪、原子荧光光度计、赶酸电热板。

2. 试剂

(1) 硝酸溶液(1+9):量取 50 mL 硝酸,缓缓加入 450 mL 水中,混匀。

(2) 硝酸溶液(5+95):量取 50 mL 硝酸,缓缓加入 950 mL 水中,混匀。

(3) 氢氧化钾溶液(5 g/L):称取 5.0 g 氢氧化钾,用水溶解并稀释至 1 000 mL,混匀。

(4) 硼氢化钾溶液(5 g/L):称取 5.0 g 硼氢化钾,用氢氧化钾溶液(5 g/L)溶解并稀释至 1 000 mL,混匀。临用现配。

(5) 重铬酸钾的硝酸溶液(0.5 g/L):称取 0.5 g 重铬酸钾,用硝酸溶液(5+95)溶解并稀释至 1 000 mL,混匀。

(6) 硼氢化钠还原剂:称取 3.5 g 硼氢化钠,用氢氧化钠溶液(3.5 g/L)溶解并定容至 1 000 mL,混匀。临用现配。

(7) 硫脲溶液(50 g/L):称取 50 g 硫脲,溶于水中,稀释至 1 000 mL,混匀,现配现用。

(8) 汞、砷的标准储备溶液(1 000 mg/L)。

四、实验步骤

1. 样品消解:称取 0.2~3 g 试样于消解灌中(准确到 0.000 1 g,样品称量多少根据样品形态和元素含量高低),加 5~8 mL 硝酸,加盖放置 1 h,对于植物油等难消解的样品再加入 0.5~1 mL 过氧化氢,旋紧罐盖,按照微波消解仪的步骤进行消解。冷却后取出,缓慢打开罐盖排气,用少量水冲洗内盖,将消解罐放在控温电热板上或超声水浴箱中,80 ℃下加热或超声脱气,赶去棕色气体,取出消解罐,将消化液转移至 25 mL 容量瓶中,用少量水分 3 次洗涤内罐,洗涤液合并于容量瓶中并定容至刻度,混匀备用,同时做空白试验。

2. 标准系列工作溶液的配制

把汞和砷的标准储备液按逐步稀释的方法,配成 5 ng/mL 的汞标准工作溶液和 100 ng/mL 的砷标准工作溶液,再以标准工作溶液配制汞浓度为 0.0 ng/mL、0.2 ng/mL、0.4 ng/mL、0.6 ng/mL、0.8 ng/mL、1.0 ng/mL 的标准系列溶液;砷浓度为 0.0 ng/mL、2.0 ng/mL、4.0 ng/mL、6.0 ng/mL、8.0 ng/mL、10.0 ng/mL 的标准系列溶液。

3. 仪器参考条件

光电倍增管负高压:240 V;汞空心阴极灯电流:30 mA;原子化器温度:200 ℃;载气流速:500 mL/min;屏蔽气流速:1 000 mL/min。

光电倍增管负高压:260 V;砷空心阴极灯电流:50~80 mA;载气:氩气;载气流速:500 mL/min;屏蔽气流速:800 mL/min。

4. 标准曲线制作

设定好仪器最佳条件,连续用硝酸溶液(1+9)进样,待读数稳定后,转入标准系列溶液测量,由低到高浓度顺序测定标准溶液的荧光强度,标准曲线以浓度为横坐标,相应的荧光强度为纵坐标,绘制标准曲线并求出荧光强度与浓度关系的一元线性回归方程。

5. 试样溶液的测定

相同条件下,将样品溶液分别引入仪器进行测定。根据回归方程计算出样品中汞和砷的浓度。

五、结果计算

试样中金属含量按式(7-2)进行计算:

$$X = \frac{(C_1 - C_0) \times V}{m \times 1\,000} \tag{7-2}$$

式中:X——试样中汞、砷含量,mg/kg 或 mg/L;

C_1——测定试样消化液中汞、砷含量,ng/mL;

C_0——空白液中汞、砷含量,ng/mL;

V——试样消化液总体积,mL;

m——试样质量或体积,g 或 mL。

六、思考题

1. 不同食品类型,如粮食和蔬菜等样品前处理有什么区别?

2. 样品测定时,仪器工作条件中有哪些影响因素?

拓展阅读:

汞、砷及其化合物毒性大,主要作用于神经系统、肾脏、肝脏等,人体排出较慢,容易造成蓄积。现代农业种植过程中大量使用农药,容易造成土壤中汞、砷蓄积,再通过食物链在农产品中积累,因此食品中汞、砷的检测非常重要。

实验3　食品中有机磷农药的测定

食品果蔬的种植常施农药,造成果蔬中的农药残留,当农药残留量高于最大残留限值时,会对人体健康造成不利影响。有机磷农药是一类含磷元素的有机化合物农药,因其高效性、广谱性而被广泛应用于植物病虫草害的防治。在生产中,有机磷农药的使用不当导致食品蔬菜中发生不同程度残留的问题。本实验主要参照《食品中有机磷农药残留量的测定》(GB/T 5009.20—2003),介绍食品中有机磷农药的测定。

一、实验目的

学习和掌握使用气相色谱法测定各类食品中敌敌畏等二十种有机磷农药含量。

二、实验原理

含有机磷的试样在富氢焰上燃烧,以 HPO 碎片的形式,放射出波长 526 nm 的特性光。这种光通过滤光片选择后,由光电倍增管接收,转换成电信号,经微电流放大器放大后被记录下来。试样的峰面积或峰高与标准品的峰面积或峰高进行比较定量。

三、仪器与试剂

1. 仪器

组织捣碎机、粉碎机、旋转蒸发仪、配有火焰光度检测器的气相色谱仪

2. 试剂

二氯甲烷、氯化钠、丙酮、二氯甲烷、助滤剂 Celite545;农残标准溶液(敌百虫、敌敌畏、甲胺磷、乙酰甲胺磷、灭线磷、甲拌磷、氧乐果、特丁硫磷、乐果、甲基对硫磷、马拉硫磷、杀螟硫磷、对硫磷、倍硫磷、水胺硫磷)(浓度均为 100 mg/L)

四、实验步骤

1. 样品前处理

（1）提取：称取 25.00～50.00 g 试样，置于 300 mL 烧杯中，加入 50 mL 水和 100 mL 丙酮，用组织捣碎机提取 1～2 min。匀浆液经铺有两层滤纸和约 10 g Celite545 的布氏漏斗减压抽滤。取滤液 100 mL 移至 500 mL 分液漏斗中。

（2）净化：滤液中加入 10～15 g 氯化钠使溶液处于饱和状态，猛烈振荡 2～3 min，静置 10 min，使丙酮与水相分层，水相用 50 mL 二氯甲烷振摇 2 min，再静置分层。将丙酮与二氯甲烷提取液合并经装有 20～30 g 无水硫酸钠的玻璃漏斗脱水滤入 250 mL 圆底烧瓶中，再以约 40 mL 二氯甲烷分数次洗涤容器和无水硫酸钠。洗涤液也并入烧瓶中，用旋转蒸发器浓缩至约 2 mL，浓缩液定量转移至 5～25 mL 容量瓶中，加二氯甲烷定容至刻度。

思考、讨论和回答 1：提取液为什么要净化？

2. 标准系列工作溶液的配制

精确吸取一定量的标准储备液，用丙酮逐级稀释成质量浓度为 0.010 mg/L、0.020 mg/L、0.050 mg/L、0.100 mg/L 和 0.500 mg/L 的混合标准溶液，分别测定对应的峰面积。以浓度为横坐标，峰面积为纵坐标，绘制标准曲线、计算峰面积-浓度线性方程。

3. 色谱工作参考条件

色谱柱：DB-1701 毛细管柱（30 m×0.32 mm×0.25 μm）；

载气为高纯氮气，流速 3.0 mL/min；氢气流速 75 mL/min；空气流速 100 mL/min；

升温程序：90 ℃保持 1 min，以 20 ℃/min 升温至 200 ℃保持 9 min，再以 30 ℃/min 升温至 245 ℃保持 8 min；进样口温度 220 ℃；检测器温度 245 ℃；进样量 1.0 μL，不分流进样。

思考、讨论和回答 2：什么是程序升温？为什么要进行程序升温？

4. 测定

吸取 2～5 μL 混合标准液及试样净化液注入色谱仪中，以保留时间定性。以试样的峰高或峰面积与标准比较定量。

五、结果计算

某 i 组分有机磷农药的含量按式(7-3)进行计算：

$$X_i = \frac{A_i \times V_1 \times V_3 \times E_n \times 1\,000}{A_n \times V_2 \times V_4 \times m \times 1\,000} \tag{7-3}$$

式中：X_i——试样中 i 组分有机磷农药的含量，mg/kg；

A_i——试样中 i 组分的峰面积，积分单位；

A_n——混合标准液中 i 组分的峰面积,积分单位;
V_1——试样提取液的总体积,mL;
V_2——净化用提取液的总体积,mL;
V_3——浓缩后的定容体积,mL;
V_4——进样体积,μL;
E_n——注入色谱仪中的 i 标准组分的质量,ng;
m——试样质量,g。

六、思考题

1. 果蔬谷物等样品还有哪些前处理方法?
2. 农药测定的样品前处理方法与重金属测定的样品前处理有什么区别?

拓展阅读:

有机磷农药是一类有机磷酸酯类或硫代磷酸酯类化合物,是我国应用最广泛、用量最大的农药。有机磷农药残留是食品安全管控中的一项重要内容,也是确保食品安全的关键环节。样品前处理和监测方法对有效提高其选择性和灵敏度起到关键作用。

实验 4　头发样品的前处理及铜的测定

头发中含有的微量元素有铜、锌、铁、锰、钙、镁、磷等,占头发质量的 0.55%~0.95%。微量元素对于头发的结构、颜色都有重要的功能作用。专家们通过对头发的微量元素测定表明,头发中铜元素的含量与头发颜色的深浅有很大关系。黑发所含的铜元素高于黄发,黄发中的铜元素又高于白发。有关研究资料还发现,现代人所摄入的"铜墙铁壁"元素不足,每日摄入量只有 0.8 mg 左右,而正常人每天需要的铜元素为 2 mg。本实验主要参考文献《干灰化-火焰原子吸收分光光度法测定头发中钙铁锌铜》,介绍头发样品的前处理及铜的测定。

一、实验目的

1. 掌握头发样品干灰化的前处理方法
2. 掌握用原子吸收分光光度法测定头发样品中铜含量的方法。

二、实验原理

当条件一定时,原子吸光度与原子浓度之间的关系符合朗伯-比尔定律,即 $A=Kc$。

人或动物的毛发,预处理成溶液后,溶液对 324.8 nm 波长光(铜元素的特征谱线)的吸光度与毛发中铜的含量成线性关系,故可直接用标准曲线法测定毛发中铜的含量。

三、仪器与试剂

1. 仪器

原子吸收分光光度计、电热板、马弗炉;

25 mL、50 mL 容量瓶,瓷坩埚(带盖)。

2. 试剂

2%硝酸、0.2%硝酸。

四、实验步骤

1. 发样的采集

将采集的头发样品用中性洗涤剂浸泡 2 min,然后用自来水冲洗至无泡,这个过程一般须重复 2~3 次,以保证洗去头发样品上的污垢。最后,发样用去离子水冲洗三次,晾干,置烘箱中于 70 ℃干燥 2 h,干燥完毕将头发样品剪碎至 1 cm 左右。

2. 发样的干灰化

准确称取干燥后发样 0.1 g 左右置于瓷坩埚中,置于电炉上炭化至无烟。转入马弗炉 520 ℃灰化 2 h。用 2%HNO_3 溶液溶解残渣,并定容至 25 mL,摇匀,为样品液。

思考、讨论和回答 1:测定头发中的汞含量,样品前处理用什么方法?为什么?

3. 标准溶液的配制

将铜标准贮备液用 0.2%硝酸稀释,配成 10.0 mg/L 的标准使用液。

4. 校准曲线标准系列溶液的配制

吸取一定体积的标准溶液,分别放入 6 个 50 mL 容量瓶中,用 0.2%硝酸稀释定容。(表 7-1)

表 7-1 标准曲线数据

编号	0	1	2	3	4	5
取标准使用液体积(mL)	0	1.00	2.00	3.00	4.00	5.00
定容体积(mL)	50	50	50	50	50	50
标准系列浓度(mg/L)						
吸光度						

任务 1:完成表 7-1 中浓度的计算。

任务 2:为什么要用 0.2%硝酸溶液定容?所有的试验用水应该用什么水?

思考、讨论和回答 2:所有的器皿在使用前应该如何清洗?

5. 上机测定

（1）测定条件

原子吸收分光光度法，火焰类型：空气-乙炔氧化型，铜的测定波长 324.8 nm，燃气流量为 0.9～1.2 L/min。

（2）标准系列溶液测定

按浓度由低到高顺序测定铜标准系列溶液的吸光度，将吸光度填入表 7-1 中。

任务 3：以铜标准系列溶液浓度和对应吸光度，计算标准曲线线性拟合方程的表达式为_____，$R^2=$_____，该方程能否用于样品浓度的计算？如果不满足，怎么办？

（3）样液的测定和浓度计算

每个样品测三次，结果取平均值。

任务 4：以标准液含量和对应吸光度的线性拟合方程，计算样液中铜的浓度。写清楚计算过程。

五、计算

$$C=\frac{C_1\times V}{m}$$

式中：C——头发样品中铜的含量，mg/kg；

C_1——消解液中铜的浓度，mg/L；

V——消解液的定容体积，mL；

m——头发样品的质量，g。

六、实验反思

头发样品过多或过少会对实验结果产生什么影响？

拓展资料：

准确检测人体微量元素有利于指导人们的膳食结构、控制人体体液的离子平衡和保障身体健康，样本可以是唾液、体液、尿液、血液、头发和组织器官。血液样本能全面准确地反映体内的微量元素含量情况，头发样品微量元素能反映某一时间段的变化情况。样品消解有干灰化法、电加热板法、微波消解法等，可根据测定元素种类和含量选择火焰原子吸收分光光度法、原子吸收石墨炉法、原子荧光光谱法、电感耦合等离子体原子发射光谱法等。

第八章
环境监测实训

环境监测实训是环境监测课程的重要实践教学环节之一,是在环境监测课堂理论教学和实验课训练完成的基础上,单独设立的综合实践课程,对于学生制订环境监测方案、独立完成监测任务能力具有重要的提升作用。本章主要介绍了大学校园(或校园周边地区)水体、大气、声、土壤环境监测的实训内容、任务和要求等。

第一节　校园地表水环境质量调查与监测

对校园地表水进行环境监测和质量评价,内容包括调查和收集资料,在明确校园水体分布、主要污染源、水体功能等基础上,进行布点、采样和水质监测,并根据监测结果评价水体环境质量。

一、实训目的

1. 通过地表水环境监测实训,深入了解和掌握地表水环境监测中监测断面的设置、监测项目的采样与分析方法、数据记录、结果计算等方法和技能。
2. 通过对校园地表水和污水的水质监测,掌握校园水环境质量现状,并根据相关环境标准判断水环境质量是否符合国家有关水体的功能要求。
3. 培养学生综合设计、分析和解决问题的能力。

二、监测资料的收集

1. 通过实际调查,了解校园水体分布,明确河流流入校园位置和流出校园位置。
2. 调查校园排水情况,将调查情况记录在表 8-1 中。

表 8-1　校园地表水污染排放来源调查记录表

排放来源	主要污染物	废水排放去向
学生宿舍		
教学楼和办公楼		
食堂		
实验室		
……		

任务1：完成表8-1的调查内容。

三、监测项目

1. 监测项目

任务2：根据《地表水环境质量标准》(GB 3838—2002)，水质监测项目包括哪些基本项目？

2. 测定项目和方法

受实训时间限制，可选取对校园水体环境质量影响较大的部分监测指标进行监测，选取监测指标和方法见表8-2，可根据实际情况调整。

表 8-2　校园地表水部分监测指标和测定方法

序号	监测指标	分析方法
1	pH	玻璃电极法(HJ 1147—2020)
2	DO	碘量法(GB 7489—1987)
3	COD_{cr}	重铬酸钾法(GB 11914—1989)
4	BOD_5	五日培养法(GB/T 7488—1987)
5	NH_3-N	纳氏试剂分光光度法(HJ 535—2009)
6	NO_3-N	紫外分光光度法(HJ/T 346—2007)
7	总氮	碱性过硫酸钾消解紫外分光光度法(HJ 636—2012)
8	总磷	钼酸铵分光光度法(GB/T 11893—1989)
9	铬	火焰原子吸收分光光度法(HJ 757—2015)
10	铅、锌、铋、镉、铬、砷和汞	电感耦合等离子体原子发射光谱法(GB/T 20899.13—2017)

四、监测点布设、监测时间和采样方法

1. 监测布点原则

根据水环境监测实际需要，考虑污染物时空分布和变化规律，以最少监测断面、监测垂线和测点取得代表性最好的监测取样位置。

2. 监测断面设置和采样点位确定

根据校园地表水分布和污水排放情况,设置对照断面、控制断面和消减断面,并根据具体断面的宽度、深度,确定采样垂线位置、采样点的数目及位置(表8-3)。

表8-3　校园地表水监测断面和监测点的设置

断面编号	断面位置	断面类型	断面宽/深(m)	采样垂线位置	采样深度
W1	河流流入校园处		6.5/1.5		
W2	排污口下方混匀处		7.5/2.0		
W3	最后一个排污口下游1 500 m		7.5/2.0		
W4	河流流出校园处		8.0/2.5		

任务3:完成表8-3中空白处的填写。

如果观察不到明显的排污口,可选取不同位置的地表水,如教学区、学生宿舍区的水体进行采样。因为缺乏采样船只等专用工具,校园采样断面的设置应同时兼顾采样的可行性,如中泓线的采样尽可能设置在有桥的位置。

3. 采样时间和频率

根据监测目的和水体不同,监测的频率也不同,一般来讲,对河流、湖泊(水塘)的水质、水文进行同步监测。学校实训可根据实训时间和目的,自行设计采样时间和频率。

五、水样的采集与保存

1. 水样的采集

思考、讨论和回答1:测定有机物、金属、DO及COD应分别选择什么容器保存水样?

采样容器在采样前用被采集水样洗涤2~3次,应避免激烈搅动水体,采样瓶(桶)口沿着水样方向浸入水中,避免漂浮物进入采样瓶(桶),水样充满后迅速提出水面。

任务4:现场不能立即测定,需要现场固定带回实验室测定的项目是_____。

A. 悬浮物　　　B. 油类　　　C. 溶解氧　　　D. pH　　　E. 电导率

水样采集处理后要密封,贴好水样标签,做好采样记录。运输过程中要保证水样的完好,不能受到污染、损坏或丢失。路途较远时,夏天要冷藏,北方冬天要防冻以免冻裂。运回实验室后不能立即测定的,应立即放在4 ℃左右的冰箱中冷藏。水样保存所用试剂及保存时间参见《地表水环境质量监测技术规范》(HJ 91.2—2022)。

2. 水样的保存

思考、讨论和回答2:不能及时分析测定的水样,需要冷藏或冷冻保存。为了使待测成分稳定,常加入的试剂有哪些?有什么作用?

六、实验室分析测定

按照测定项目的标准方法进行分析测定,注意实验测定中的注意事项,测定中做好实验数据记录。

七、数据处理

1. 数据记录和整理

原始数据的记录要根据仪器的精度和有效数字的保留规则正确书写,数据的运算要遵循运算规则。在数据处理过程中,对出现的可疑数据,首先要从技术上查找原因,然后再用统计检验方法处理,经检验属于离群值的应剔除,使测定结果更符合实际情况。

2. 分析结果的表示

将监测结果按监测项目、监测点、时间进行整理,汇总制成表格进行表示。

八、水质评价

1. 地表水环境质量现状评价

根据国家《地表水环境质量标准》(GB 3838—2002),结合监测水体环境功能或环境保护目标,选择合理的评价标准,对河流每一断面、湖库水体水质指标逐一分析评价,最后做出总体评价,找出存在的主要污染因子,并分析原因,提出治理对策或建议。

2. 污染源评价

根据监测分析数据(污染物浓度、排放量),计算污染物排放量,根据污染源类型,选择正确的评价标准,对监测指标逐一评价,看是否有超标排放现象,提出治理建议。

九、实训任务

1. 认真阅读和学习本节一至八项的文字内容,并完成相关的填空任务和讨论内容。

2. 收集校园水体资料和确定采样位置:在练习本上绘制校园水体分布示意图,在图上明确河流流入校园位置和流出校园位置以及排入水体的主要排水口(如果有,注明是雨水口,还是污水口),在图上标出本次调查拟采样的位置,并说明采样点设置的依据。

3. 在练习本上列出采集水样所需要的工具、器皿、预处理方法等。

4. 下载和打印《水质 溶解氧的测定 碘量法》(GB 7489—1987),认真阅读后,在练习本上详细列出测定溶解氧所需要的试剂名称、玻璃器皿和仪器等。能够根据测定样品数量,确定溶液配制体积,计算需要的试剂称样量。

5. 下载和打印《水质 总磷的测定 钼酸铵分光光度法》(GB 11893—1989),认真阅读后,在练习本上详细列出测定总磷所需要的试剂名称、玻璃器皿和仪器等。能够根据测定样品数量,确定溶液配制体积,计算需要的试剂称样量。

6. 记录实验数据、写出实验计算过程和实验结果。

7. 水质评价:根据实验结果和国家《地表水环境质量标准》(GB 3838—2002),对水质进行评价。

8. 对实验操作过程的规范性和实验结果进行反思和总结。
9. 完成实训报告,格式和内容参见本章第五节。

第二节　校园空气环境质量调查与监测

对校园空气进行环境监测和质量评价,内容包括明确所处区域的地理位置及周边情况、局地气候、气象条件、地形地貌,校园规划与功能分区等,进行布点、采样和大气环境监测,并根据监测结果评价校园大气环境质量。

一、实验目的

1. 通过实训,学习环境空气质量监测方案的制订,熟悉和掌握二氧化硫、二氧化氮、颗粒物等典型空气质量监测指标的采样与分析测试技术。
2. 熟悉和掌握大气监测数据处理与结果评价、监测报告的编写等内容。

二、校园环境空气质量监测方案的制订

(一) 资料收集及现场调查

1. 校园所处地区区域环境概况

任务 1:查阅相关资料,简单总结你所在校园的区域地理位置、气候概况、经济发展状况、近几年空气环境质量总体情况。

2. 校园附近大气污染源调查

校园附近地区(1~2 km 范围)主要大气污染源分布情况以及校园内部大气污染源调查。

(1) 工业污染源情况:校园 2 km 范围内的工业污染源,包括企业名称、主要产品、燃料类型、主要污染物及排放情况、与校园中心位置距离和方位,列表表示。

(2) 交通污染源情况:周边 1~2 km 范围内的主要交通干道分布及车流量情况。

(3) 居民生活和餐饮业污染源情况:校园界外 1 000 m 范围内居民分布、人口数量、餐饮业分布。

(4) 校园内部:主要调查校园大气污染物的排放源、数量、燃料种类和污染物名称及排放方式等,可按表 8-4 中的内容进行调查。

任务 2:填写表 8-4 中的调查内容。

表 8-4　校园内大气污染源情况调查

序号	污染源	数量	燃料种类	污染物	排放方式
1	食堂				
2	建筑工地				
3	锅炉房				
4	实习工厂				
5	实验室				
6	垃圾收集点				
7	其他				

备注：排放方式为废气自然排放还是处理后排放。

（二）监测采样点布设

采样点的布设根据污染源的分布，结合校园各环境功能区（教学区、办公区、生活区、运动休闲区）的要求，按功能区划分的布点原则，在校园不同功能区设置采样点。

任务 3：在本子上画出你所在校园的平面示意图和功能分区，按功能分区的布点原则，设置采样点，并把采样点的信息填入表 8-5 中。

表 8-5　采样点设置及相应功能区

采样点编号	采样点位置	功能区
……		

（三）监测项目的确定与监测方法选择

根据我国《环境空气质量标准》(GB 3095—2012)和《环境空气质量指数(AQI)技术规定(试行)》(HJ 633—2012)，目前环境空气污染物监测基本项目有 6 个，包括二氧化硫(SO_2)、二氧化氮(NO_2)、一氧化碳(CO)、臭氧(O_3)、PM_{10}、$PM_{2.5}$。其他项目有 TSP、氮氧化物(NO_x)、铅、苯并[a]芘(BaP)。根据国家《环境空气质量标准》(GB 3095—2012)和校园及其周边的大气污染物排放情况来筛选监测项目，校园内一般无特征污染物排放，结合大气污染源调查结果，可选择环境空气质量标准中的基本污染物为监测对象，采样实验室分析方法，具体监测项目和方法见表 8-6。

表 8-6　环境空气监测项目及分析方法

序号	监测项目	采样方法	分析方法
1	SO_2	溶液吸收法	甲醛吸收-副玫瑰苯胺分光光度法(HJ 482—2009)
			四氯汞盐吸收-副玫瑰苯胺分光光度法(HJ 483—2009)
2	NO_2	溶液吸收法	盐酸萘乙二胺分光光度法(HJ 479—2009)

续表

序号	监测项目	采样方法	分析方法
3	CO	—	非分散红外法(GB 9801—1988)
4	O_3	溶液吸收法	靛蓝二磺酸钠分光光度法(HJ 504—2009)
			紫外光度法(HJ 590—2010)
5	TSP	滤膜阻留法	重量法(HJ 1263—2022)
6	PM_{10}、$PM_{2.5}$	滤膜阻留法	重量法(HJ 618—2011)

(四) 采样时间与频次

二氧化硫、二氧化氮、一氧化碳、氮氧化物采用间歇性采样方法,用小时平均值表示浓度时,每小时至少有 45 min 的采样时间,用 24 h 平均值时每日至少有 20 个小时平均浓度值或采样时间。采用间断采样方式测定 PM_{10}、$PM_{2.5}$ 日平均浓度时,其次数不应少于 4 次,累积采样时间不应少于 18 h。

采样应同时记录_____、_____、风向、风速、阴晴等气象因素。

(五) 质量保证与控制

(1) 采用平行样分析、空白实验等实验室内部质量控制措施进行控制。
(2) 每次采样前,应对采样系统的气密性进行检查。
(3) 滤膜使用前均需进行检查,不得有针孔或其他缺陷。
(4) 滤膜在采样前,恒温恒湿箱中按平衡条件平衡 24 h,称重。采样后,相同条件下平衡 24 h,称重。同一滤膜在恒温恒湿箱中相同条件下再平衡 1 h 后称重,对于 PM_{10} 和 $PM_{2.5}$ 颗粒物样品滤膜,2 次质量之差分别小于 0.4 mg 和 0.04 mg 为满足恒重要求。

三、采样

各监测项目按分析方法标准中规定的采样方法,在各采样点同时采样,记录采样时的条件和采样数据于空气质量监测现场采样记录表 8-7 中。

表 8-7 空气质量监测现场采样记录表

采样点编号:_____ 采样点名称:_____ 污染物:_____

采样日期	采样编号	采样时间		气温(℃)	大气压(kPa)	采样流量(L/min)	采样体积		天气
		开始	结束				现场	标态	

四、实验室分析测定

根据测定项目和分析方法,事先确定所需要的仪器、试剂、玻璃容器等,并做好准备工作,注意实验测定中的注意事项,测定中做好实验数据记录。

五、数据处理

1. 数据整理

原始数据的记录要根据仪器的精度和有效数字的保留规则正确书写,数据的运算要遵循运算规则。在数据处理过程中,对出现的可疑数据,首先要从技术上查找原因,然后再用统计检验方法处理,经检验属于离群值的应剔除,使测定结果更符合实际情况。

2. 分析结果的表示

将监测结果按监测项目、监测点、时间进行整理,汇总制成表格。

六、校园空气质量的分析评价

1. 分析各监测点污染物浓度与采样时间的关系,并分析原因。
2. 各监测点污染物浓度对比分析,同种污染物在各监测点之间是否存在差异,并进行分析。
3. 根据校园所在区域环境功能选择评价标准,对污染物超标率进行分析。
4. 计算校园空气质量指数,对校园空气质量进行初步评价。

七、实训任务

1. 认真阅读和学习本节上述文字内容,并完成相关的填空任务和讨论内容。
2. 收集校园资料和确定采样位置:调查校园大气污染源分布,结合校园各环境功能区(教学区、办公区、生活区、运动休闲区)的要求,按功能区划分的布点原则,在练习本上绘制环境空气采样点位分布示意图。
3. 在练习本上列出环境空气采样所需要的仪器、工具、器皿等材料。
4. 下载和打印《环境空气 总悬浮颗粒物的测定 重量法》(HJ 1263—2022)、《环境空气 PM_{10} 和 $PM_{2.5}$ 的测定 重量法》(HJ 618—2011),认真阅读后,思考采样滤膜的准备和称样的注意事项。
5. 查阅空气颗粒物多级撞击式采样器的资料,在练习本上画出颗粒物采样切割器分级采样颗粒物的示意图,简单分析实现颗粒物分级采样的原理。
6. 记录实验数据、写出实验计算过程和实验结果。
7. 空气环境质量评价,根据实验结果和国家《环境空气质量标准》(GB 3095—2012),对校园环境空气质量进行评价。
8. 对实验操作过程和实验结果进行反思和总结。
9. 完成实训报告,格式和内容参见本章第五节。

第三节 校园声环境质量监测

噪声属于物理性污染,是危害人体健康的环境污染之一。噪声监测包括城市声环境常规监测、工业企业噪声监测、建筑施工场界噪声监测、固定设备室内噪声监测等,其中城市声环境常规监测又包括城市区域声环境监测、道路交通声环境监测和功能区声环境监测。可参照《声环境质量标准》(GB 3096—2008)和《环境噪声监测技术规范 城市声环境常规监测》(HJ 640—2012)进行各类噪声的监测与评价。

一、实验目的

通过对大学校园各类功能区声环境监测,学习环境噪声监测方案的制订,掌握声级计的使用方法、环境噪声监测数据的处理与结果评价,了解校园各类功能区监测点位的昼夜达标情况以及声环境质量随时间的分布特征,熟悉环境噪声监测报告的编写等。

二、校园声环境监测方案的制订

(一) 资料收集与现场调查

对校园内各类功能区类型、大小、周边噪声的来源及分布等相关信息进行收集,并进行现场踏勘,充分了解监测区域内道路、交通、施工、操场等实际情况。

任务 1:在本子上画出校园平面示意图,在表 8-8 中列出校园内主要噪声来源和位置。

表 8-8 校园噪声主要来源和位置

序号	噪声来源	位置

(二) 校园环境噪声监测点位的布设

根据所在校园内各功能区布局的特征,把大学校园分为生活区、教学区、办公区和运动休闲区,在不同功能区设置采样点。

三、测量条件

1. 天气条件要求在无雨无雪的时间,风速≤5 m/s 的条件下进行测量。

2. 风力在三级以上时,传声器必须加风罩,五级以上大风则应停止测量。

3. 测量过程中,传声器要求距离地面 1.2 m,测量时噪声仪距任意建筑物不得小于 1 m,传声器对准声源方向。

四、现场测量与记录

1. 测量时段

教学实验测量时间分别在昼间(6:00 至 22:00)和夜间(22:00 至次日 6:00),各选择等间隔四个时段进行连续测量(白天 3 次,夜间 1 次),以此来分别代表昼夜校园各功能区的声环境质量,用于计算昼夜等效声级(Ldn)。

2. 读数和记录

每次测量时,每隔 5 s 读取 1 个瞬时声级,连续读取 100 个数据,当噪声涨落较大时,应读取 200 个数据。同时记录测点附近主要噪声来源,将测试结果记录在表 8-9 中。

表 8-9 功能区声环境监测瞬时声级记录表

测量时间:_____　　　　　　　　　　　　　　测量人:_____

天气:	仪器:
监测点位:	计权网络:A
噪声源:	连续读取瞬时声级总个数:100(或 200)

瞬时声级数据记录[单位:dB(A)]:

五、校园声环境监测结果处理

环境噪声一般为无规律的噪声,测量结果用统计声级或等效连续 A 声级表示。

将各监测点昼间和夜间的测量数据分别按照由大到小的顺序排列,找出统计声级 L_{10}、L_{50}、L_{90}、L_{max}、L_{min} 和计算标准偏差(SD)需要的 L_{16}、L_{84},计算等效连续 A 声级 L_{eq}。

$$L_{eq} = L_{50} + \frac{(L_{10} - L_{90})^2}{60}$$

$$SD \approx \frac{1}{2} \times (L_{16} - L_{84})$$

任务 2:解释等效连续 A 声级 L_{eq} 计算公式中各字母的含义。

将噪声统计结果列于表 8-10 中。

表 8-10 校园声环境监测结果统计表

填表日期：_____ 　　　　　　　　　　　　测量人：_____

测点编号	测点名称	监测时间	L_{10}	L_{50}	L_{90}	L_{eq}	标准偏差

六、校园声环境质量评价

大学校园属于 1 类声环境功能区中的文化教育区，按照 GB 3096—2008 中相应的环境噪声限值，对大学校园噪声进行评价，分别判断各监测点的昼间、夜间达标情况，分析超标原因（表 8-11）。

表 8-11 环境噪声限值　　　　　　　　　　　　　（单位：dB(A)）

声环境功能区类别		时段	
		昼间	夜间
0 类		50	40
1 类		55	45
2 类		60	50
3 类		65	55
4 类	4a 类	70	55
	4b 类	70	60

七、实训任务

1. 认真阅读本节内容，并完成相关任务。
2. 资料收集与现场调查：对校园内各类功能区类型、大小、噪声来源及分布等信息进行收集和调查。
3. 绘制校园声环境监测采样布点示意图。
4. 确定监测时间和测量指标。
5. 仪器准备与现场测量。
6. 校园声环境监测数据记录、统计，等效连续 A 声级 L_{eq}、标准偏差 SD 和昼夜等效声级计算过程。
7. 声环境质量评价和绘制校园噪声分布图。
8. 完成实训报告，格式和内容参见本章第五节。

第四节　土壤环境质量监测

土壤是地球环境重要的组成部分,其质量优劣直接影响生态环境系统安全。本节以校园土壤环境质量监测为例,详细介绍土壤环境监测方案的制订、土壤样品的采集与制备、样品的预处理、典型土壤监测项目的监测方法、分析测试、数据处理与结果评价。

一、实训目的

1. 通过土壤监测实训,学习土壤采样布点和土壤样品采集;学习土壤中主要污染物的监测分析方法及样品的预处理方法;学习监测数据处理分析方法,并初步掌握土壤环境质量的评价方法。

2. 通过监测,判断土壤污染状况,分析污染来源,为土壤污染治理和科学规划土地用途提供依据。

二、监测对象

以学校草地、林地或校园附近农田为监测对象。

三、收集资料与实地调查

1. 收集监测区域的地形图、土地利用规划图、土地利用演变等资料。
2. 收集监测区域土类、成土母质、土壤环境背景值等土壤信息资料。
3. 收集是否有工程建设、工矿企业等活动对土壤造成影响。
4. 监测区域农业生产种植情况,如作物、灌溉、化肥和农药施用情况。

在收集整理资料的基础上进行现场踏勘,将调查得到的信息进行整理和利用。

四、监测项目和监测分析方法选择

根据国家《土壤环境质量　农用地土壤污染风险管控标准(试行)》(GB 15618—2018),选择土壤环境质量基本控制项目即 pH、总镉、总汞、总砷、总铅、总铬、总铜、六六六、滴滴涕等为监测项目,也可以根据调查情况适当增减监测项目。

监测分析方法选择国标法或等效方法,见表 8-12。

表 8-12 土壤部分环境质量指标测定方法

项目	测定方法	方法来源	等效方法
镉	石墨炉原子吸收分光光度法	GB/T 17141—1997	ICP-MS
汞	冷原子吸收分光光度法	GB/T 17136—1997	AFS
砷	二乙基二硫代氨基甲酸银分光光度法	GB/T 17134—1997	AFS
铜	火焰原子吸收分光光度法	GB/T 17138—1997	ICP-OES
铅	石墨炉原子吸收分光光度法	GB/T 17141—1997	ICP-MS
铬	火焰原子吸收分光光度法	GB/T 17137—1997	ICP-MS
锌	火焰原子吸收分光光度法	GB/T 17138—1997	ICP-OES
镍	火焰原子吸收分光光度法	GB/T 17139—1997	ICP-MS
六六六	气相色谱法	GB/T 14550—2003	
滴滴涕	气相色谱法	GB/T 14550—2003	

五、采样小区的划分和采样点的布设

选择学校绿化用地或附近农田,参照《土壤环境监测技术规范》(HJ/T 166—2004),划分采样区,根据采样区的大小、地势和污染源状况,选择合适的采样布点方法。

任务:采集土壤有哪些采样布点方法？各适用于什么样的土壤状况？

六、样品采集

1. 采样器具准备

准备 GPS、采样工具、采样袋(布袋、纸袋或塑料网袋)、采样标签等。常用的采样工具包括:土钻、采样筒、小型铁铲等。

2. 样品采集

每个采样区采集耕作层(0～20 cm)样品为农田土壤混合样,混合样的采集方法主要有:对角线法、梅花形法、棋盘式法、蛇形法。

(1) 对角线法:适用于面积小、地势平坦的污水灌溉或受污染河水灌溉的田块,对角线分 5 等份,以等分点为采样点。

(2) 梅花形法:适用于面积较小、地势平坦、土壤较均匀的田块;设采样点 5 个左右。

(3) 棋盘式法:适用于中等面积、地势平坦,但土壤较不均匀的田块;设分点 10 个左右;该法也适用于受固体废物污染的土壤,分点应在 20 个以上。

(4) 蛇形法:适用于面积较大、地势不平坦、土壤不够均匀的田块,设分点 15 个左右,多用于农业污染型土壤。

各分点混匀后用四分法取 1 kg 土样装入样品袋,多余部分弃去。

如需了解污染物在土壤中的垂直分布,在采样单元内随机选取 2～3 个点,用土钻采集不同深度的土壤样品,取样深度为 100 cm,分取三个土样:表层样(0～20 cm)、中层样

(20～60 cm)、深层样(60～100 cm)。每层样品采集 1 kg 左右。

注意：采样点不能设在田边、路边、沟边等人为干扰地区。

采集的土壤样品装入棉制样品袋，潮湿样品可内衬塑料袋（供测定无机化合物），或将样品置于玻璃瓶内（供有机化合物测定）。在土壤标签上标注采样日期、采样地点、样品编号、监测项目、采样深度和位置等，标签一式 2 份，一份放入袋中，一份系在袋口。

七、土壤样品的制备与保存

1. 风干样品

从野外采回的土壤样品及时放在样品盘上，摊成 2～3 cm 的薄层，置于干净整洁的室内通风处自然风干，严禁暴晒，并注意防止酸、碱等气体及灰尘的污染。风干过程中要经常翻动土样并将大土块捏碎以加速干燥，同时剔除侵入体。

2. 粗磨样品

将风干的样品倒在木板或有机玻璃板上，用木槌敲打，用木棒或有机玻璃棒碾压，过孔径 2 mm（8 目）的尼龙筛。过筛后的样品全部置于无色聚乙烯薄膜上，并充分搅拌均匀，再采用四分法取其 2 份，一份样品库存放，另一份细磨用。

3. 细磨样品

用于细磨的样品再用四分法分成两份，一份用玛瑙研钵或瓷研钵研磨到全部通过孔径为 0.25 mm（60 目）的尼龙筛，用于农药或土壤有机质、土壤全氮量等项目的分析；另外一份研磨到全部通过孔径为 0.15 mm（100 目）的尼龙筛，用于土壤元素全量分析。

4. 样品保存

样品装于洁净的玻璃瓶或聚乙烯瓶中，在常温、阴凉、干燥、避光、密封条件下保存。填写土壤标签一式两份，瓶内或袋内一份，瓶外或袋外贴一份。

八、土壤样品分析测定和质量控制

根据测定项目和分析方法，对样品进行处理和分析测定，按规范要求做好实验数据记录、数据计算、结果表示。

采用分析标准样品或实验室控制样品、平行测定、加标回收率等方法来进行实验室内分析质量的控制。

九、土壤环境质量评价

土壤环境质量评价涉及评价因子、评价标准和评价方法。评价因子数量与项目类型取决于监测目的、经济和技术条件。评价标准常采用国家《土壤环境质量　农用地土壤污染风险管控标准（试行）》（GB 15618—2018）、区域土壤背景值、单项污染指数法、内梅罗污染指数法等。

十、实训任务

1. 认真阅读和学习本节上述文字内容,并完成相关任务和讨论内容。

2. 收集校园资料和确定采样位置:了解校园所在位置土地利用方式的改变,调查校园用地情况、存在的可能污染源,划分采样区,确定采样布点方法。

3. 在练习本上列出土壤采样所需要的工具、器材等材料。

4. 样品采集、制备和保存。

5. 下载和打印《土壤和沉积物 铜、锌、铅、镍、铬的测定 火焰原子吸收分光光度法》(HJ 491—2019),认真阅读,掌握土壤消解和测定步骤。

6. 对土壤样品进行消解和测定,记录实验数据、写出实验计算过程和实验结果。

7. 土壤环境质量评价,根据实验结果和国家《土壤环境质量 农用地土壤污染风险管控标准(试行)》(GB 15618—2018)、区域土壤背景值等方法,对校园土壤环境质量进行评价。

8. 对实训过程和实验结果进行反思和总结。

9. 完成实训报告,内容和格式参见本章第五节。

第五节 环境监测实训报告与实训总结的撰写

学生完成环境监测实训以后,必须撰写环境监测实训报告和实训总结。实训报告主要以专业技术内容为主,实训总结主要写实训任务的完成情况,对实训过程中出现的问题分析解决过程,取得的经验及教训、收获和体会等。实训小组共享监测原始数据,实训报告学生需独立完成,每人1份。

实训报告撰写提纲参考如下:

××校园地表水环境质量监测实训报告(撰写提纲)

一、监测目的

二、监测对象与范围

三、监测区域水体基本概况

四、监测水体污染源分布概况

五、监测项目及方法选择

六、监测断面和采样布点

七、采样分析

(1)分析方法及基本原理、测定浓度范围

(2)使用主要分析仪器设备名称、型号、生产厂家

(3)主要试剂及规格

(4) 样品的采集与预处理

(5) 标准曲线的绘制(不用标准曲线法则不需要)

要求列出浓度与仪器测定值,计算线性回归方程(标准曲线),并判断是否符合测定要求。

(6) 样品测定值、计算过程和计算结果

将测定值、计算结果列表表示,在表下方写清楚计算过程。

八、××校园水体水质评价

1. 评价标准的选择及依据

2. 各采样断面水质评价

(1) 断面1:各项水质指标汇总;对每一项指标进行分析评价;对该断面水质进行总体评价。

(2) 断面2:……

(3) 断面3:……

3. ××校园水体水质总体评价

水质总体情况,主要污染项目。

九、实训总结

参考文献

[1] 徐建强.定量分析实验与技术[M].北京:高等教育出版社,2018.

[2] 奚旦立,孙裕生.环境监测[M].4版.北京:高等教育出版社,2010.

[3] 李巧云,张钱丽.无机及分析化学实验[M].2版.南京:南京大学出版社,2016.

[4] 高金波,吴红.分析化学实验指导[M].北京:中国医药科技出版社,2016.

[5] 常锋.移液器(移液枪)的使用与维护方法[J].中国计量,2014(7):111-112.

[6] 闫鹏.移液枪的使用和校准[J].啤酒科技,2008(2):58.

[7] 李军,孙玲玲.移液管和移液枪在化学分析中对检测结果影响的比较[J].海洋环境科学,2019,38(2):317-320.

[8] 赵海峰,张辉珍,谢寒冰,等.移液枪和移液管对测量结果不确定度的影响[J].中国卫生检验杂志,2015,25(21):3775-3778.

[9] 冯栩,鲍晋,曹潜,等.微波消解法测定高氯废水的COD探讨[J].西华大学学报(自然科学版),2017,36(2):91-95.

[10] 高迪,徐荣会.220B型BOD快速测定仪测定水中BOD的方法介绍[J].水电水利,2020,4(1):127-128.

[11] 空气和废气监测分析方法(第四版增补版)[M].国家环境保护总局空气和废气监测分析方法编委会.北京:中国环境科学出版社,2003.

[12] 武汉大学.分析化学[M].6版.北京:高等教育出版社,2016.

[13] 朱明华.仪器分析[M].北京:高等教育出版社,2008.

[14] 奚旦立.环境监测实验[M].北京:高等教育出版社,2011.

[15] 符明淳,王霞.分析化学[M].2版.北京:化学工业出版社,2015.

[16] 孙春宝.环境监测原理与技术[M].北京:机械工业出版社,2007.

[17] 罗舒君.环境监测技术实验教程基础篇[M].南京:江苏凤凰教育出版社,2018.

[18] 李彩霞.环境监测技术实验教程项目篇[M].南京:江苏凤凰教育出版社,2018.

[19] 中华人民共和国生态环境部.环境空气 PM_{10} 和 $PM_{2.5}$ 的测定 重量法:HJ 618—2011[S].2011.

[20] 中华人民共和国生态环境部.环境空气颗粒物(PM_{10} 和 $PM_{2.5}$)采样器技术要求及检测方法:HJ 93—2013[S].2013.

[21] 中华人民共和国生态环境部.环境空气 二氧化硫的测定 甲醛吸收-副玫瑰苯胺分光光度法:HJ 482—2009[S].2009.

[22] 中华人民共和国生态环境部.环境空气 氮氧化物(一氧化氮和二氧化氮)的测定 盐酸萘乙二胺分光光度法:HJ 479—2009[S].2009.

[23] 中国环境监测总站.土壤环境监测技术图文解读[M].北京:中国环境出版集团,2018.

[24] 季天委,汪玉磊,钟杭,等.国标法与电感耦合等离子体质谱法测定土壤铜铬铅镉含量结果对比[J].浙江农业科学,2020,61(5):1031-1033.

[25] 王慧欣.超声水浴-原子荧光光谱法同时测定土壤和沉积物中汞和砷[J].四川环境,2022,41(3):1-6.

[26] 宋立杰,赵天涛,赵由才.固体废物处理与资源化实验[M].北京:化学工业出版社,2008.

[27] 童文彬,刘银秀,张仲友,等.利用秸秆生产商品有机肥及其在水稻上的应用效果[J].浙江农业科学,2020,61(1):8-11+14.

[28] 熊建,何涛,张涵,等.生物质热解"炭、气、油"联产联供产品应用的分析[J].沈阳农业大学学报,2017,48(4):497-504.

[29] 张居兵,仲兆平,郭厚焜,等.直接碳燃料电池活性炭制备的实验研究[J].热能动力工程,2010,25(2):230-233+248.

[30] 张阿凤,潘根兴,李恋卿.生物黑炭及其增汇减排与改良土壤意义[J].农业环境科学学报,2009,28(12):2459-2463.

[31] PAN R., BU J, REN G, ZHANG Z, LI K, DING A. Mechanism of Removal of Hexavalent Chromium from Aqueous Solution by Fe-Modified Biochar and Its Application[J]. Applied Science,2022,12(3).

[32] 潘润,杲悦悦,任国宇,等.炭基肥对土壤性质以及蔬菜生长的影响[J].安徽农业科学,2020,48(21):159-161.

[33] 赵振刚,陈保国,姚辉,等.某选矿厂碎矿车间预先筛分工艺改造可行性探究[J].中国钼业,2022,46(4):49-52.

[34] 李越,孙德安.固废焚烧炉渣的压缩破碎特性试验研究[J].矿冶,2017,26(5):77-80+89.

[35] 蒋昭琼,程方平,罗芳,等.干法消解测定大米中的铅镉铬[J].食品研究与开发,2016,37(14):136-139.

[36] 王丹.石墨消解-电感耦合等离子体质谱法测定农产品中7种重金属含量[J].现代食品,2022,28(4):214-217.

[37] 张家树,卢俊霖,黄聪,等.食品中汞和砷测定方法的研究[J].预防医学情报杂志,2017,33(7):673-675.

[38] 江鹏,谌红梅,李敬波,等.微波消解-ICP-MS法同时测定小麦中铅、镉、铬、砷、汞含量[J].中国口岸科学技术,2022,4(5):72-76.

[39] 杨建伟.气相色谱质谱法在食品有机磷农药残留检测中的应用[J].医学信息,2022,35(11):154-156+168.

[40] 曹显庆,廖丽,白群华,等.干灰化-火焰原子吸收分光光度法测定头发中钙铁锌铜[J].应用化工,2014,43(7):1346-1348+1352.

[41] 陈忆文,彭谦,赵飞蓉.微波消解-原子吸收光谱法测定头发中多种金属元素[J].中国卫生检验杂志,2007(10):1807-1808.

[42] 周遗品.环境监测实践教程[M].武汉:华中科技大学出版社,2017.

[43] 刘琼玉.环境监测综合实验[M].武汉:华中科技大学出版社,2019.

[44] 赵晓莉,徐建强,陈敏东.环境监测综合实验[M].北京:气象出版社,2016.

[45] 郝莉花,巩凡,乔青青,等.食品安全抽检环节芹菜中10种有机磷农药的残留降解规律研究[J].食品安全质量检测学报,2022,13(2):620-627.